コンピュータが育む数学の展開

編｜高山信毅　濱田龍義

計算による 最適化入門

著｜福田公明　田村明久

共立出版

シリーズ発刊に寄せて

数学にはさまざまな分野がある．さまざまな分野でのアルゴリズムの研究とともに，対応する数学ソフトウェアの開発が 1980 年代以降盛んに行われるようになった．また，これらのシステムは新しい数学の研究スタイルを生むことになった．たとえば，多項式環のアルゴリズムを実装したシステム Macaulay は多項式環の研究に新しい流れを生んだ．

編者の一人である濱田はこれらの数学ソフトウェアを集めた計算環境 KNOPPIX/Math，およびその後継である MathLibre を 2003 年からほぼ毎年編集してきた．この環境の構築には多くの人が協力者として参加してきているが，参加者の宴会の席では，数学ソフトウェアで動いてるアルゴリズムの解説，数学研究への利用法，さらには数学ソフトウェアを開発する人の育成などの参考になるようなシリーズを出版できないか，ずいぶん前から話題になっていた．今回この企画が実現にこぎつけることができて，共立出版の大越隆道氏に大きく感謝したい．

この企画は「コンピュータが育む数学の展開」と「コンピュータと数学の織りなす革新」の 2 つの姉妹シリーズとして発刊される．20 世紀後半から爆発的に進展したコンピューターと数学の二つ巴的進展は膨大なものであり，シリーズの案を作成してみたら長大なものになってしまった．これでは読者が迷ってしまうことになりかねないということで，「コンピュータと数学の織り成す革新」は分野によらない全体的な内容や数学ソフトウェアを武器として数学に取り組む新しい方向を目指した内容，「コンピュータによる数学の展開」は数学アルゴリズムを中心としたシリーズとした．もちろん両者融合した巻もある．

数学ソフトウェアに実装されているアルゴリズムには，いろんな製品に使われているものもあれば，数学研究者しか使っていないようなものまでいろいろある．しかし，数学の世界のみのものと思われていたものがすばらしい応用を生んでいった例はたくさんある．本シリーズが数学関係者のみならず，数学を応用していこうという人達にも何らかの参考となり，新しい展開を生んでいくことになれば編者としても望外の喜びである．

高山信毅（神戸大学），濱田龍義（日本大学）

はじめに

　まず，読者の皆さんが本書で扱う題材を厳密な数学的定式化なしに見通せるように，最適化に関する基本的な概念や結果を平易な表現で紹介する．特に，最適化における3つの主題である線形最適化，組合せ最適化と非線形最適化の本質的な違いを理解して欲しい．直感的，鳥瞰的に眺めるため，用語の厳密な定義を与えないこともある．

線形性と非線形性

　次の写真を見てみよう．

これはマッターホルン近くのスイスアルプスの風景と新しいモンテローザ小屋 (Monte Rosa Hut)[1] である. 一見しただけで, 自然の風景と人工的な小屋の幾何的な形状の明確な違いに気づくだろう.

　小屋の形状は本質的に凸多面体であり, これは立方体, 四面体, 12 面体といった単純な数学的表現をもつ親しみある形状をしている. これら線形性や凸性をもつ物体は, ある点の高さが局所的に最も高いならば最高点であるという良い性質をもつ. さらに小屋には最高点である角の点 (頂点) が常に存在する. これは, もし小屋の最高点を見つけたいならば, 頂点でこれより高い頂点が周りに存在しないものを求めるだけでよいことを意味している. このことは, 小屋の頂点から辺 (あるいは稜) をたどりながら, 高い頂点が周りにある限りそれへと移動する (ピボットする) アルゴリズムを自然に示唆する. このアルゴリズムはどんな次元でも機能し, 第 1 章から第 5 章の話題である **線形最適化**[2] において最も基本的な成果のひとつである. このアルゴリズムは単体法として知られ, 1947 年に George Dantzig により開発されたもので, 第 4 章で扱う. 単体法は実用面で効率的であることが広く認識されており, 最適化の重要性はこの確かな効率性に依存すると主張しても過言ではない. 実際に, 非線形最適化や組合せ最適化などの難しい最適化問題を解くために, しばしば線形最適化が効率的に実行できるという事実を利用している.

　一方自然な疑問として, マッターホルンの頂上は近傍内で, 例えば半径 50 km 以内で最高峰なのだろうか. この疑問は, 内に潜む数学的な性質について問うているのであって, 地球の地理的知識を問うているのではない. この類の数学的な問題については, 与えられた位置 $p = (x, y)$ の標高が関数 $f(p)$ で表現されていると仮定する必要がある. コンピュータグラフィックスで非線形な曲面を三角形を貼り合わせた面で表現する技術を用いるように, 問題をより具体的にするために, この関数は区分的に線形近似されていると仮定する. このモデルにおいては, 局所的な頂上点 (三角形の頂点), すなわち, より高い頂点が周り

---

[1] モンテローザ小屋はチューリッヒ工科大学 (ETH Zurich) の建築家 Andrea Deplazes がデザインし, 2009 年に落成した. この写真の出典は `http://www.deplazes.arch.ethz.ch/article?id=5ab8cede4258bdoc2013539015` であり, この写真の使用については建築家本人から許可を得たもので, 彼に感謝する.
[2] 以前はこの分野を線形計画あるいは線形計画法 (linear programming) とよんでいたが, 線形最適化 (linear optimization) とよぶことが世界的にも主流となっている.

に存在しない点を求めるのは単体法のような方法で簡単に求められる．難しい部分は，与えられた局所的な頂上が，最高峰（大域的な頂上）となっているか判定することである．自然な方法は，すべての局所的な頂上を列挙し，その中から最高峰を見つけることである．これが最高峰を見つける唯一の方法だろうか．このような方法は，領域内のすべての頂点 p の標高 $f(p)$ を評価する必要がある．関数についての追加情報がない限り，他の選択肢は望めない．なぜならば，どんな高速なアルゴリズムに対しても，それが評価していない頂点の関数値を変更することでそのアルゴリズムを欺くことができるからである．これは，**非線形最適化** [3] に内在する難しさを示していて，非線形最適化は点 p が高次元空間に存在するとき，極めて難しい（あるいは現実的に解けない）問題となる．

　設定を変えて，標高関数 f が滑らかな連続関数で近似されると仮定してみる．このような関数は微分可能であり，導関数が存在する．このとき，異なるタイプのアルゴリズムを適用できる．例えば，与えられた点から最急勾配の方向に移動しながら頂上を目指す最急上昇法がそのひとつである．しかし，滑らかで連続という条件の下では，局所的な頂上はあくまで局所的なものであり，最高峰であるための良い特徴付けはなく，すべての局所的な頂上を比較することは避けられない．非線形最適化において最も重要で特殊な場合は，f が（上に）凸な場合である．この場合には，局所的な頂上は大域的な頂上（最高峰）となる．この事実は，**凸最適化**の重要な理論を導く．

　ところで，皆さんは地理的な疑問の答えを知りたいだろうか．驚くことに，有名なマッターホルンの頂上はこの領域においての最高峰ではない．マッターホルンの頂上の標高は 4478 m で，一方，モンテローザの頂上（先ほどの写真では隠れていて，標高 2795 m にある小屋からはるか左上方）の標高は 4634 m で，スイスでの最高峰でもある．

　本書では，非線形最適化の困難さのすべてをどのように克服するかということは議論しない．これは，別々に扱うべき多様な課題であり，本書で扱う基本的な最適化の延長上にある．

　しかし，本書でも凸最適化のアルゴリズムで重要なクラス，**内点法**について議論をする．線形最適化に適用したこの解法は，ピボット演算を用いたどの方

---

[3] 以前はこの分野を，非線形計画あるいは非線形計画法 (nonlinear programming) とよんでいたが，非線形最適化 (nonlinear optimization) とよぶことが世界的にも主流となっている．

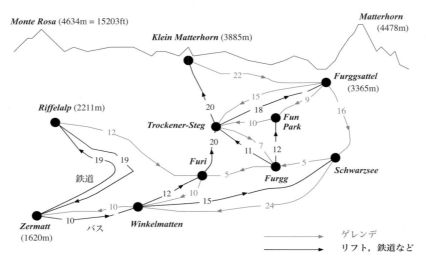

図 0.1　（単純化した）ツェルマットスキーリゾート

法よりも理論的に優れている．内点法については，第 11 章で議論する．

日常生活の中での組合せ的側面

　モンテローザ小屋の数百メートル下に，スキーヤーや登山愛好家にとって有名なパラダイスであるツェルマットスキーリゾート (Zermatt Ski Resort) が，広大な範囲を占めている．全エリアは変化に富み，数えきれないほどのゲレンデがある．そのため，リフト，ロープウェイや鉄道といった多くの移動手段が用意されている．図 0.1 は，このリゾートの簡略図である．

　実際，本当のリゾートは 5 倍も大きいことを想像して欲しい．スキーのためにこのリゾートを訪れた者にとって，良いスキープランを作成するのは難題である．最適なスキープランを見つけるという一般的な問題が自然と導かれる．

　最適の意味を明確にするために，図 0.1 は，（仮想スキーヤーの分単位の）滑走時間を表す数値と同様に鉄道などでの移動時間を表す数値を含んでいる．もちろん，これらの数値は天候，雪の状態，混雑度などに依存し変化する．簡単のために，これらの数値は正しいとする．

　ここでは，このリゾートに不慣れなスキーヤーが解きたいと考えられる簡単な最適化問題を扱う：

(i) Zermatt をスタートし，すべてのゲレンデを滑って Zermatt に戻る最短時間はどうなるか.

簡略化した問いとして

(ii) 4 時間未満ですべてのゲレンデを滑って Zermatt に戻れるか.

第 1 の問題 (i) は典型的な**最適化問題**，すなわち，いくつかの制約の下である種の目的尺度を最小化（あるいは最大化）する問題である．第 2 の問題 (ii) は答えがイエスかノーという違いがある．このタイプの問題は**判定問題**として知られている．

　最適化問題 (i) は，本質的に**組合せ的**であり，その**実行可能解**（スケジュール）は，ゲレンデ，リフト，ロープウェイや鉄道などの列で，すべてのゲレンデを含むものである．実行可能解が**最適**であるとは，すべての実行可能解の中で総時間を最小にするものである．線形最適化や非線形最適化と異なり，すべての実行可能解の集合は，2 つの実行可能解の中点が実行可能解とは限らないという離散集合となる．標高最大化問題では，与えられた領域（半径 50 km の円盤）内の任意の場所が実行可能であり，最適解の候補となる．これが，問題 (i) を**組合せ最適化**問題とよぶ所以である．

　与えられた最適化問題，例えば (i) に対して，簡略化した問題 (ii) は対応する判定問題として知られている．すなわち，与えられた定数 k に対して，

(ii′) 目的関数値が k より小さい実行可能解が存在するか

を問うものである．目的関数を最大化する最適化問題の場合には，'小さい'を'大きい'に置き換える．この問いの重要性は，与えられた実行可能解の目的関数値が k であるとき，これが最適かどうかを決定できることである．

　もし (ii′) に対する答えがイエスであるとき，目的関数値が k より小さい実行可能解はその**証拠**となる．証拠とは，答えの正しさを確認できる情報のことである．証拠が良いとは，確認が高速に行える，より正確には，確認に要する時間が問題の**入力長**に関する**多項式関数**で抑えられることである．問題 (ii) の場合には，総時間が 4 時間より短い実行可能スキープランが正に証拠となり，与えられたスキープランがすべてのゲレンデを滑るかと総時間が 4 時間未満であ

るかは簡単に確認できる．判定問題について，答えがイエスである入力例に対して常に良い証拠が存在するとき，この問題はクラス **NP** に属するといわれる．最適化問題に対応する判定問題がクラス NP に属するとき，元の最適化問題もクラス NP に属するという．スキープラン最適化問題のタイプに対応する判定問題はクラス NP に属する．

もし (ii′) の答えがノーであるとき，何が良い証拠となるだろうか．特殊はスキープラン (ii) の場合には，4 時間未満ですべてのゲレンデを滑るプランが存在しない場合に，何が良い証拠となるだろうか．皆さんも想像できると思うが，一般的に実行可能解（さらに追加条件を満たすもの）が存在しないことを証明するのは簡単ではない．判定問題について，答えがノーである入力例に対して常に良い証拠が存在するとき，この問題はクラス **co-NP** に属するといわれる．最適化問題に対応する判定問題がクラス co-NP に属するとき，元の最適化問題もクラス co-NP に属するという．NP と co-NP という概念は計算量理論において中心的な主題であり，第 6 章で議論する．様々な組合せ最適化問題を第 7 章から第 10 章で議論する．

スキープラン最適化問題のタイプに対応する判定問題が co-NP に属するか，すなわち NP と co-NP の両方に属するかは自明ではない．これらの事実はスキープラン最適化問題に対する効率的なアルゴリズムを開発するための助けとなり，第 7 章で議論する．スキープラン最適化問題は，実用上重要とは思えないかもしれない．しかし，ネットワーク内のいくつかの固定された部分をできる限り速く訪問するというこのタイプの問題は，郵便配達人の手紙の配達や顧客への弁当の配送など多くの現実的な場面で現れ，これらの問題は本質的に同じ効率的アルゴリズムで解くことができる．

NP ∩ co-NP に含まれる問題とは異なり，このクラスに属さないように思える問題も存在する．NP の中で最も難しい問題のクラスは次の性質をもつ：このクラスの任意の 1 つの問題が co-NP に属することが証明されたら NP に含まれるすべての問題が co-NP に含まれる．この最も難しい問題のクラスは NP 完全とよばれている．NP 完全な最適化問題については，与えられた実行可能解よりも良いものが存在しないことを証明する簡単な方法は知られていない．この状況は一般の非線形最適化と類似していて，例えば与えれらた局所的な頂上が最高峰であることを示すための良い方法がない最高峰問題と同じである．NP

完全な問題を解くためには，分枝限定法（第8章），列生成法（第9章）や近似アルゴリズム（第10章）など多くの異なるアプローチが存在する．

本書の構成

先ほど説明したように，本書は主に2つの主題，(1) 線形最適化と (2) 組合せ最適化を扱う．また，(3) 非線形最適化技法に関する限られた考察も与える．(1) の内容の学習は (2) と (3) の両方を理解するために必要であるが，(2) と (3) の話題は独立であり，別々に読むことができる．

以下は本書の主な内容と講義でどのように使えるかを概説する．

(1) **線形最適化**：第1章，第2章と第3章で，線形最適化の基本理論が最小限の数学用語を用いて与えられる．これらの章では，最も重要な理論的結果を証明抜きで与え，学部生あるいは文系を専門とする院生に対して計算機ソフトウエアを用いて教えるために利用できる．

第4章と第5章では，線形最適化に対する2つのアルゴリズムをその有限終了性の厳密な証明を含めて与える．これらのアルゴリズムは十文字法と単体法である．これらの章を理解するためには，線形代数と証明技法に関する習熟が必要である．

(2) **組合せ最適化**：第6章では，計算量理論とともに多くの組合せ最適化問題を紹介する．クラス P, NP, co-NP や NP 完全という概念はそこで議論される．この章と線形最適化の理論の章 (1) は引続く第7章から第10章では必須である．

第7章は，多項式時間可解な場合，すなわちクラス P に属する問題を扱う．特に割当問題，最小全域木問題とマッチング問題が議論される．この章は，計算量理論の威力を理解するために極めて重要である．

第8章から第10章は，NP 完全あるいはさらに難しい問題に対するいくつかのアプローチを与える．第8章では分枝限定法を扱うが，この解法は広範な難しい問題に適用可能である．第9章では，入力データが陽に与えられていない大規模線形計画問題を実用的に解くための列生成法を議論する．この章では，第8章での技法を利用する．

第 10 章では，難しい問題に対して近似解を求めるための様々な技法を紹介する．この章は，第 8 章と第 9 章には依存しない．

(3) 非線形最適化：ここでの目的は，線形最適化に対する多項式時間解法を構築するための非線形最適化の技法を学ぶことである．第 11 章では，線形最適化に対するいわゆる主双対内点法の主な構成要素を紹介する．この章は，第 7 章から第 10 章とは独立である．

3 つの主題の数学的定式化

3 つの最適化に関する主題の数学的記述を与えよう．以下では，m, n を自然数とし，A を $m \times n$ 有理行列，b を m 次（有理）列ベクトル，c を n 次（有理）列ベクトルとする．

1. 線形最適化

線形最適化において最も基本的な問題である線形計画問題[4] は以下のように記述される．

$$
\begin{array}{lll}
\text{最大化} & c^\top x & (x \in \mathbb{R}^n) \\
\text{制　約} & Ax \leq b & \\
& x \geq \mathbf{0}.
\end{array}
$$

この問題は，非常に効率的なアルゴリズムを用いて解け，実用上は問題規模の制限はなく，双対定理が中心的な役割を演ずる．第 1 章から第 3 章は証明なしで線形計画問題に関する基本理論を与え，第 4 章と第 5 章は 2 つのアルゴリズム，十文字法と単体法の数学的に正確な記述，厳密な証明と幾何学的解釈を与える．第 12 章では，フリーソフトウエア LP_solve のインストールと使用例を簡単に紹介する．

2. 組合せ最適化

組合せ最適化問題の多くは以下のように記述できる．

---

[4] 線形最適化という分野では，線形計画問題以外に線形相補性問題なども扱う．そのため，本書では線形計画問題を '線形最適化問題' とはよばず，従来通りに線形計画問題とよぶ．

$$\text{最大化} \qquad c^\top x$$
$$\text{制約} \qquad x \in \Omega.$$

ただし，Ω は離散集合で，例えば

$$\Omega = \{x \in \mathbb{R}^n : Ax \le b,\, x_j \in \{0,1\}\, \forall j\}$$

あるいは与えられたグラフ G に対して

$$\Omega = \{x \in \mathbb{R}^n : x \text{ は } G \text{ のある条件を満たす辺の集合を表す}\}$$

と記述され，'ある条件' は G の固定された 2 頂点を結ぶパスのように適切に定義されなければならない．

　上記の第 1 の例は **0/1 整数線形計画問題** の場合で，第 2 の例は **グラフ最適化問題** あるいは **ネットワーク最適化問題** の典型である．

　組合せ最適化は，易しい問題も難しい問題も，すなわちクラス P（多項式時間可解な問題クラス）の問題も NP 完全な問題も両方を含む．0/1 整数線形計画問題は NP 完全であることが知られていて，これは本書の範囲を超えた整数線形計画問題に関する理論の重要な結果である．第 7 章から第 10 章では，多くのグラフ／ネットワーク最適化問題の難しさをどのように判定するかを学び，どのように適切な技法を選択するかを学ぶ．

3. **非線形最適化**

　与えられた実数値関数 $f, g_i : \mathbb{R}^n \to \mathbb{R}$ $(i = 1, \ldots, m)$ に対して，非線形最適化問題あるいは非線形計画問題は以下のように記述される．

$$\text{最大化} \qquad f(x)$$
$$\text{制約} \qquad g_i(x) \le 0 \quad (i = 1, \ldots, m).$$

　関数の凸性は重要な役割を演ずる．内点法は，凸最適化問題や線形計画問題を含むうまく定式化された非線形最適化問題を解く．第 11 章では，線形計画問題に適用した多項式時間内点法に注意を集中する．

本書の利用法

　本書の理想的な対象は，線形代数と証明技法に習熟した学生である．このグ

ループ（グループ I）は本書から最も多くの恩恵を受けるだろう．しかし他の
グループも本書を利用でき，最大限の恩恵を受けるために重要なのは何を教え，
何を省略するかを知ることである．線形代数を実際に利用することを目的とし，
厳密な証明なしに学んだ学生をグループ II とよび，線形代数をあまり学んでい
ない，典型的には理系でない学生をグループ III とよぶことにする．それぞれ
のグループに対して具体的な助言を与えよう．

[グループ I]　第 1 章から第 11 章までは章立ての通りに本書を利用し，必要に
　　応じて第 12 章を参考にする．一学期ですべての内容を教えられるだろう
　　が，もし時間的余裕がないならば教員は第 10 章か第 11 章の一方を省略す
　　るか，これらの簡単な紹介にとどめるとよいだろう．その他の章とは異な
　　り，第 11 章は解析／微積分に関する概念を利用している．これは，非線形
　　最適化の雰囲気を学生に与え，彼らが発展的内容の授業を後に受けるかど
　　うを判断できるようにするためのものである．よって，解析／微積分の必
　　修科目を受けている前提がないならば，期末試験においては第 11 章を外す
　　とよいだろう．

[グループ II]　第 1 章から第 11 章までは章立ての通りに本書を利用し，必要に
　　応じて第 12 章を参考にする．いくつかの証明は省略してもよいが，弱双対
　　定理（定理 2.2）のような簡単な証明は教えることを試みる．証明が難し
　　い定理，例えば強双対定理（定理 2.3）については，教員は証明の概要を与
　　えることができる．オープンソースでも商用でも利用可能な線形計画問題
　　に対するソフトウエアを上手く利用し，これらを必要とする演習問題を与
　　える．教員は第 10 章と第 11 章を証明抜きで学生に教えたいと思うかもし
　　れないが，これらは期末試験から外すことができる．

[グループ III]　最初の 3 章（線形最適化の導入と基礎）と第 12 章のみ利用する．
　　最初の 3 章は，行列とベクトル以外の線形代数の知識なしに線形最適化の
　　主結果を理解できるように書かれている．第 12 章で紹介する LP_solve や
　　オープンソースでも商用でも利用可能な線形計画問題に対するソフトウエ
　　アを上手く利用し，学生が簡単な線形計画問題を解くことを通して線形最
　　適化の基本概念を理解できるようにする．学生が主最適解と双対最適解を

正しく求める方法を学び，感度分析の意味を説明できるようになることが重要である．

目　　次

線形最適化の紹介

1.1 線形最適化の重要性

　線形計画法ともよばれている線形最適化は，最適化において最も基本的なもので，最適化全般において重要であると強調してもしすぎることはない．理論面からも実用面からも他のすべての最適化の研究対象に対し実際に影響力をもつ．理論的な特徴として，線形最適化の理論は双対性と効率的なアルゴリズムより構成され，最適化理論の理想的な姿をしている．一方，最適化に携わる実務家は，超大規模問題に対しても高速である線形計画問題用アルゴリズムの実装を信頼している．フリーソフトウエアも商用ソフトウエアも入手可能であり，このことが産業，工学，科学さらには政策決定などの広い分野へのこれらのアルゴリズムの適用の拡大を促進している．

　線形最適化に関する技法の重要性を簡単に概説しよう．

多くの実用例がある：最適資源配分問題，輸送問題，最大／最小費用流問題，人員配置計画，スケジューリングなど．

大規模問題な問題でも解ける：単体法 (Dantzig, 1947)，内点法 (Karmarkar その他，1984–)，組合せ的方法（Bland その他，1977–）.

　（何百万という）変数と制約式をもつ大規模線形計画問題を解くことができ，信頼できるソフトウエアが利用できる：

- 商用ソフトウエア：CPLEX, Gulobi, IMSL, LINDO, MINOS, MPSX, XPRESS-MP など．
- フリーソフトウエア：LP_solve, SoPlex, glpk など．

より難しい問題を解くための道具となる：線形計画問題のソルバーは，分枝限

定法（第 8 章），列生成法（第 9 章）や近似アルゴリズム（第 10 章）など
の他の最適化技法と組み合せることで難しい問題に適用されている．これ
らの難しい問題は，困難な組合せ最適化問題や整数線形計画問題を含む．

背景に美しい理論がある：これがすべてを物語っている．

1.2　例

　簡単な線形計画問題の設定を見てみよう．この設定では，限られた資源供給
の下で利益の異なる複数の製品を生産する．このような生産最適化は，最適資
源配分として多くの応用で現れる．

例 1.1　（最適資源配分問題） シャトーマキシムは，自社のブドウ畑で栽培し
ている 3 種類のブドウを用いて，赤，白，ロゼの 3 種類のワインを生産してい
る．各ワインを 1 単位生産するのに必要なブドウの量，各ブドウの 1 日あた
りの供給量，ワイン 1 単位あたりの販売利益は以下の表の通りとする．総利益
を最大化するためにはどのようにワインを生産するべきだろうか．生産した
ワインは完売すると仮定して生産量を検討する．

ブドウ品種	ワイン 赤	白	ロゼ	供給量
ピノノワール	2	0	0	4
ガメイ	1	0	2	8
シャルドネ	0	3	1	6
		（トン／単位）		（トン／日）
利益	3	4	2	
	（千ドル／単位）			

以下は，最適生産に向けた単純なアプローチである：

- 最も利益率の高いワインをできるだけ生産するのはどうだろうか．白ワイ
  ンの生産量は 2 単位までである．
- 残りの資源で赤ワインが 2 単位生産できる．よって赤ワイン 2 単位と白ワ
  イン 2 単位を生産する．これにより 14 千ドルの利益となる．

- 白ワインの生産量を 1 単位減らすと，赤ワイン 2 単位，白ワイン 1 単位と ロゼワイン 3 単位を生産できる．これにより 16 千ドルの利益となる．

いくつかの自然な疑問があるが，これらに対しあなたはどのように答えるか．

疑問 1 最終プランは最適だろうか．これをどうやって示すのか．

疑問 2 資源を他のワイン生産者に売るとどうなるだろうか．その場合の価格は どうするのか．

疑問 3 利益率の変化は最適生産にどのような影響を与えるか．供給量の変化に ついてはどうだろうか．

これらの疑問に答えるためには，利益最大化の問題を数学的に定式化するの が重要である．

シャトーマキシム生産問題（最適生産問題） 赤ワインの生産量を x_1 単位とし， 同様に白ワインを x_2，ロゼワインを x_3 単位生産するとする．これらの変数を 用いて，総利益は簡単に線形関数 $3x_1 + 4x_2 + 2x_3$ と表現され，制約について も以下のように線形不等式系として記述できる：

$$
\begin{array}{lllll}
\text{最大化} & 3x_1 + 4x_2 + 2x_3 & & \Leftarrow \text{総利益} \\
\text{制約} & 2x_1 & \leq 4 & \Leftarrow \text{ピノノワール} \\
& x_1 + 2x_3 \leq 8 & & \Leftarrow \text{ガメイ} \\
& 3x_2 + x_3 \leq 6 & & \Leftarrow \text{シャルドネ} \\
& x_1 \geq 0,\ x_2 \geq 0,\ x_3 \geq 0 & & \Leftarrow \text{生産量}
\end{array}
$$

註 1.2   上記の問題で変数が取れる値を整数値 $0, 1, 2, \ldots$ に限ったとき，こ の問題を**整数線形計画問題** (integer linear program; ILP) あるいは**整数計画 問題** (integer program; IP) という．整数計画問題は一般に解くのが難しく， NP 完全とよばれるクラスに属する．NP 完全の概念については第 6 章で議論 する．いくつかの例外があり，割当問題や最大流問題などの特殊な整数計画問 題は効率的に解くことができる．

註 1.3   ロゼワインを生産するために赤と白のブドウを混ぜるのは普通ではない.典型的な製法は,赤ブドウのみを使用し,発酵の早い段階で皮を取り除く.よってここでのワイン生産問題(例 1.1)は現実を反映している訳ではない.しかし,異なるタイプのブドウを混ぜることは,特に赤ワインの生産において,フランス,イタリア,スイスでは頻繁に行われている.

例 1.4(作業の最適割当) マキシム時計社では,P 人の職人がおり,彼らに Q 種類の作業を割り当てなければならない.職人 i は,1 時間あたり作業 j の必要作業時間の m_{ij}($m_{ij} > 0$)倍を完了できるとする.また,職人 i は C_i 時間より多く働くことはできないとする.このとき,総作業時間を最小化するには作業をどのように職人に割り当てるべきか.

職人 i を作業 j に割り当てる時間を x_{ij} とすると,以下のように定式化できる.

$$
\begin{aligned}
\text{最小化} \quad & \sum_{i,j} x_{ij} \\
\text{制約} \quad & \sum_{j=1}^{Q} x_{ij} \le C_i & (i = 1, \ldots, P) \\
& \sum_{i=1}^{P} m_{ij} x_{ij} = 1 & (j = 1, \ldots, Q) \\
& x_{ij} \ge 0 & (i = 1, \ldots, P; \ j = 1, \ldots, Q).
\end{aligned}
$$

1.3   線形計画問題

n 個の実変数 $x_1, x_2, \ldots, x_n$ をもつ**線形関数** (linear function) を

$$f(x_1, x_2, \ldots, x_n) = c_1 x_1 + c_2 x_2 + \cdots + c_n x_n$$

と定義する.ただし,$c_1, c_2, \ldots, c_n$ は与えられた実係数である.

実変数 $x_1, x_2, \ldots, x_n$ 上の**線形等式** (linear equality) とは,線形関数 f と与えられた定数 b に対して

$$f(x_1, x_2, \ldots, x_n) = b$$

と書けるものである.

実変数 $x_1, x_2, \ldots, x_n$ 上の**線形不等式** (linear inequality) とは，線形関数 f と与えられた定数 b に対して

$$f(x_1, x_2, \ldots, x_n) \geq b \quad \text{または}$$
$$f(x_1, x_2, \ldots, x_n) \leq b$$

と書けるものである.

線形制約式 (linear constraint) とは，線形等式あるいは線形不等式を意味する．以降では，**等式制約**，**不等式制約**などとよぶこともある.

線形計画問題 (linear programming problem; LP) とは，有限個の線形制約式の下で線形関数を最大化あるいは最小化する問題で，以下のように記述する.

最大化　$c_1 x_1 + c_2 x_2 + \cdots + c_n x_n$

制　約　$a_{i1} x_1 + a_{i2} x_2 + \cdots + a_{in} x_n = b_i \quad (i = 1, \ldots, k)$

　　　　$a_{i1} x_1 + a_{i2} x_2 + \cdots + a_{in} x_n \leq b_i \quad (i = k+1, \ldots, k')$

　　　　$a_{i1} x_1 + a_{i2} x_2 + \cdots + a_{in} x_n \geq b_i \quad (i = k'+1, \ldots, m).$

ここで，$c_1 x_1 + c_2 x_2 + \cdots + c_n x_n$ を**目的関数** (objective function) という.

クイズ　以下の問題が線形計画問題かどうか判定しなさい.

1. 最大化　$2x + 4y$
   制　約　$x - 3y = 5$
   　　　　$y \leq 0$

2. 最大化　$2x + 4y$
   制　約　$x - 3y = 5$
   　　　　$x \geq 0 \ \text{or} \ y \leq 0$

3. 最大化　$x + y + z$
   制　約　$x + 3y - 3z < 5$
   　　　　$x - 5y \geq 3$

4. 最小化　$x^2 + 4y^2 + 4xy$
   制　約　$x + 2y \leq 4$
   　　　　$x - 5y \geq 3$
   　　　　$x \geq 0, \ y \geq 0$

5. 最小化　$x_1 + 2x_2 - x_3$
   制　約　$x_1 \geq 0, \ x_2 \geq 0$
   　　　　$x_1 + 4x_2 \leq 4$
   　　　　$x_2 + x_3 \leq 4$
   　　　　$x_1, x_2, x_3 \in \mathbb{Z}$

6. 最小化　$2x_1 - x_2 - 3x_3$
   制　約　$x_1 + 4x_2 \leq 4$
   　　　　$x_2 + x_3 \leq 4$
   　　　　$x_1 \geq 0, \ x_2 \geq 0$
   　　　　$x_1 \in \mathbb{Z}$

7. 最小化　　　$x_1 + 2x_2 - x_3$
　　制　約　　　$x_1 + 4x_2 + x_3 \leq 4$
　　　　　　　　$3x_1 + \ x_2 + x_3 \leq 4$
　　　　　　　　$x_1, x_2, x_3 \in \{0,1\}$

1.4　線形計画問題を解く：これは何を意味するのか

　シャトーマキシムの最適生産問題を思い出そう．それぞれのワインの生産単位量を

　　x_1：赤ワイン　　x_2：白ワイン　　x_3：ロゼワイン

とすると，以下のように記述できる．

> 最大化　　　$3x_1 + 4x_2 + 2x_3$　　　　　　⇐ 総利益
> 制　約　　　$2x_1 \qquad\qquad\quad \leq 4$　　　⇐ ピノノワール
> 　　　　　　$x_1 \quad\quad + 2x_3 \leq 8$　　　⇐ ガメイ
> 　　　　　　　　$3x_2 + \ x_3 \leq 6$　　　⇐ シャルドネ
> 　　$x_1 \geq 0, \ x_2 \geq 0, \ x_3 \geq 0$

- **実行可能解** (feasible solution) とは，すべての制約式を満たすベクトルである．シャトーマキシム生産問題については以下のようになる．

$$(x_1, x_2, x_3) = (0,0,0) \qquad イエス$$
$$(x_1, x_2, x_3) = (1,1,1) \qquad イエス$$
$$(x_1, x_2, x_3) = (2,1,3) \qquad イエス$$
$$(x_1, x_2, x_3) = (3,0,0) \qquad ノー$$
$$(x_1, x_2, x_3) = (2,-1,0) \qquad ノー$$

- **実行可能領域** (feasible region) とは，実行可能解全体の集合である．シャトーマキシム生産問題では，実行可能領域 Ω は図 1.1 に描かれたような実行可能解 $x = (x_1, x_2, x_3)^\top$ 全体となる．一般に，実行可能領域は**凸多面体** (convex polyhedron) となる．

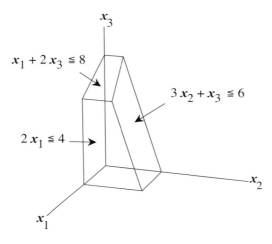

図 1.1 シャトーマキシム生産問題の実行可能領域 Ω

- **最適解** (optimal solution) とは，実行可能解全体の中で目的関数を最適化（最大化問題では最大化，最小化問題では最小化）するものと定める.

- 線形計画問題が最適解をもたない場合がある．このような状況には 2 種類の場合がある.

  (1) 実行不可能な場合

$$
\begin{aligned}
&\text{最大化} && x_1 + 5x_2 \\
&\text{制 約} && x_1 + x_2 \geq 6 && \leftarrow \\
&&& -x_1 - x_2 \geq -4 && \leftarrow
\end{aligned}
\quad \text{矛盾する制約式}
$$

この線形計画問題には実行可能解が存在しない．このような場合に線形計画問題は**実行不可能** (infeasible) であるという.

  (2) 非有界な場合

$$
\begin{aligned}
&\text{最大化} && 2x_1 - x_2 \\
&\text{制 約} && -x_1 + x_2 \leq 6 \\
&&& -x_1 - 3x_2 \leq -4
\end{aligned}
$$

この問題では $(1+\alpha, 1)^{\top}$ $(\alpha \geq 0)$ は実行可能で，α を増やすことで幾らでも目的関数を大きくできる．このように目的関数を実行可能領域

内で（最大化では上から，最小化では下から）抑えることができない場合，より正確には任意の実数 k に対して目的関数値が k より良い（最大化では大きい，最小化では小さい）実行可能解が存在するとき，この問題を**非有界** (unbounded) であるという.

● **基本定理** (fundamental theorem)：線形計画問題に対する最初の重要な定理は，次のものである.

定理 1.5　任意の線形計画問題は，以下の条件のうち 1 つのみを常に満たす：
(1) 実行不可能である；
(2) 非有界である；
(3) 最適解をもつ.

● **線形計画問題を解く** (Solving an LP) とは，与えられた線形計画問題の問題例（入力）に対して，結果：(1) 実行不可能，(2) 非有界，(3) 最適解をもつを導き，さらにその証拠を示すことである.

　例えば，単体法は線形計画問題を解く方法である．証拠とは出した結果の正当性を簡単に証明できるための追加情報である．証拠の詳細については，第 2 章で解説する.

1.5　線形計画法／線形最適化の歴史

　線形計画法ともよばれる線形最適化の歴史は多彩であり，今なお発展し続け新たな結果や新たな応用が得られている.

　線形計画法の誕生は，単体法として知られる線形計画問題に対する非常に効率的なアルゴリズムを George B. Dantzig が考案した 1947 年であることは広く受け入れられている．また彼は，有限個の線形不等式／等式制約の下で線形関数を最大化／最小化する問題を表現する "線形計画法 (linear programming)" という用語を作った．1947 年は，John von Neumann による線形計画法の双対理論が誕生した重要な年でもある．この理論は単体法とともに線形計画法の初期の土台を築いた.

　表 1.1 は線形計画法と数理最適化の研究課題を先導した重要な出来事を簡単

表 1.1

軍事	経済／産業	線形計画法	数学
			不等式理論
軍事	投入産出モデル		Fourier (1923)
20 世紀	Leontief (1936)		Gordan (1873)
			Farkas (1902)
			Motzkin (1936)
	経済モデル		ゲーム理論
	Kantrovich (1939)		von Neumann &
			Morgenstern
			(1944)
線形計画法		単体法	
(1947)		Dantzig (1947)	
	経済モデル	双対理論	
	Koopmans (1948)	von Neumann (1947)	
	ノーベル賞	組合せ的アルゴリズム	
	Leontief (1973)	Bland その他 (1977–)	
	Koopmans &	多項式時間アルゴリズム	
	Kantorovich	Khachiyan (1979)	
	(1975)		
	最適資源配分	新多項式時間アルゴリズム	
		Karmarkar (1984)	

にまとめた図表である．これらの出来事は，知能機械やシステムといった最適化を必要とする現代社会にとって非常に重要なものであった．以下の図表は，Dantzig の名著 [9, Section 2-1] から引用し，それにいくつかの結果を加えたものである．読者には，線形計画法の基礎を築いた偉大な数学者から学ぶために，特に線形計画法の歴史について，この名著を読むことを強く勧める．

　数学の分野では，線形計画法がその名前が定義される以前から研究されていた．線形不等式の理論は 1947 年以前に Fourier, Farkas, Motzkin などにより研究された古典的な研究課題であった．線形不等式系を解くことは本質的には線形計画問題を解くことと同値であることが von Neumann の線形計画問題の双対性よりわかる．Fourier-Motzkin の消去法として知られる方法は，実際に線形計画問題を解くために利用できるが，単体法には効率面で遠く及ばない．

　経済と産業の分野の最前線では，1947 年以前の多くの研究成果が線形計画法と密接に関連している．1930 年代に提案された Leontief の投入産出モデルは，システム（例えば国）の中で結びついた異なるセクターの生産がどのように

システムの需要を生み出すかを分析する経済活動に関する一般的なモデルである．これは，生産量を表す非負変数の線形等式系として定式化される．Leonid Kantorovich は，ソビエト連邦のベニア製造業における現実問題を，線形計画法という用語が知られる前，1938 年以前に線形計画問題として定式化した．彼は関数解析のアイデアを利用した求解法を提案した．しかし彼の研究は 1940 年代半ばまで西欧諸国では知られていなかった．Tjalling C. Koopmans も経済モデルを線形計画問題として定式化することで偉大な貢献をした数学者である．1942 年に彼は輸送ネットワークの経済モデルを提案し最適輸送路を研究した．その後 1940 年代後半に，彼は資源の最適配分に関する汎用的モデルの開発のために Dantzig や他の研究者との共同研究を行った．

アルゴリズム開発の最前線では，1977 年に Robert Bland により新しいタイプのアルゴリズムが提案された．これらは，線形計画問題に対する組合せ的アルゴリズムとよばれた．なぜならばアルゴリズムの有限終了性が，アルゴリズムの各反復においてある種の組合せ構造が厳密に改善されることのみに依存しているからである．本書では，これらのアルゴリズムのひとつである十文字法を紹介する．十文字法は，有限終了性が保証された最も簡単なアルゴリズムであろう．Bland はまた単体法が有限終了することを保証する組合せ的な規則を考案した．これは，Bland の規則あるいは最小添字規則として知られている．

最初の多項式時間アルゴリズム[1] の開発は，1979 年に Leonid Kachiyan によってなされた．これは重大な理論的成果ではあったが，浮動小数点演算を用いて実装した際に数値的に不安定なため実用的ではなかった．内点法として知られているより実用的な多項式時間アルゴリズムが 1984 年に Narendra Karmarkar により考案され，その後内点法の多くの変種が提案され，実装され続けている．

数理計画法学会 (Mathematical Programmming Society) が 2010 年を境に数理最適化学会 (Mathematical Optimization Society) に改名して以降，Programming を Optimization と置き換えることが主流となっている．線形計画法

---

[1] 多項式アルゴリズムあるいは多項式時間アルゴリズムは理論的に効率的なアルゴリズムを意味する．大雑把にいうと，入力の 2 進表記長に関して多項式時間で終了するアルゴリズムとして定義される．この基準は，問題の入力長が十分大きければ，任意の指数時間アルゴリズムよりも任意の多項式時間アルゴリズムが高速であるという事実により正当化される．多項式性はこれらのアルゴリズムが最悪の場合にそれほど悪くないことを単に保証するものである．単体法は多項式時間アルゴリズムではないが実用上は効率的であることが知られている．

も線形最適化 (linear optmization) と置き換えられることが多くなっている.

1.6　演習問題

▶ **演習問題 1.1　線形計画問題の図による解答**　次の線形計画問題を考える.

$$
\begin{array}{lrl}
\text{(LP)} & \text{最大化} & x_2 \\
& \text{制　約} & -4x_1 - x_2 \leq -8 \\
& & -x_1 + x_2 \leq 3 \\
& & -x_2 \leq -2 \\
& & 2x_1 + x_2 \leq 12 \\
& & x_1 \geq 0 \\
& & x_2 \geq 0.
\end{array}
$$

(a) 図を用いて最適解をすべて求めなさい.

(b) 目的関数を最大化する代わりに,最小化した場合のすべての最適解を図を用いて求めなさい.

(c) 第 4 制約式 $2x_1 + x_2 \leq 12$ を次の条件を満たすように修正しなさい:

　　1. 点 $(5, 2)$ が第 4 制約式を等号で満たし,かつ

　　2. 最大化問題が非有界となる.

(d) 第 4 制約式 $2x_1 + x_2 \leq 12$ の右辺定数,すなわち 12 を,最大化問題が実行不可能になるように修正しなさい. 最小化問題も実行不可能か.

(e) (c) と (d) で作成した線形計画問題について,それぞれ非有界および実行不可能の証明を与えなさい. (a) と (b) の解の最適性をどのように示すか.

▶ **演習問題 1.2　製紙工場（線形計画問題の図による解答）**　ある製紙工場では,古紙とその他の中間生成物から異なる品質の紙が製造されている. 高級紙 1 トンあたりの販売収益は 10 貨幣単位であり,普通紙では 7.5 貨幣単位である. 普通紙 1 トンを製造するために古紙が 0.6 トン必要で,高級紙 1 トンには古紙 1 トンが必要である. この製紙工場では,最大 15 トンの古紙が利用可能である. 高級紙 1 トンの製造には中間生成物が 50 kg 必要で,普通紙 1 トンには中間生成物が 10 kg 必要である. 中間生成物は最大 500 kg が供給可能である.

　市場では普通紙が最大 20 トンまで売れるとき，どのような製造計画で最大販売収益が得られるか.

(a) この問題を線形計画問題として定式化しなさい.

(b) 図を用いて最適解を求めなさい.

(c) 中間生成物の供給量に制限がないとき，どのような製造計画が最適か.

(d) この製紙工場での利用可能な古紙の量が 1 トン増えたときあるいは減ったとき，それぞれ最大総販売収益はどのように変化するか.

(e) 普通紙の 1 トンあたりの販売収益が減ったとき，(b) の解が最適解であり続けるような最大減少量を求めなさい.

第 2 章

線形計画問題の基礎：その1

1.4 節で議論したように，線形計画問題を解くとは，(1) 実行不可能である，(2) 非有界である，(3) 最適解をもつ，という結果のいずれかを導き，さらにその結果の正当性を示す証拠を示さなければならない．本章の主目的は，それぞれの結果についてどのような証拠があるかを理解することである．

2.1　最適性の判定法

まず，実行可能解の最適性をどのように見分けるか議論する．シャトーマキシム生産問題

$$
\begin{array}{llll}
\text{最大化} & 3x_1 + 4x_2 + 2x_3 & & \\
\text{制 約} & & & \\
\text{E1:} & 2x_1 & & \leq 4 \\
\text{E2:} & x_1 & + 2x_3 & \leq 8 \\
\text{E3:} & & 3x_2 + x_3 & \leq 6 \\
\text{E4:} & x_1 \geq 0,\ x_2 \geq 0,\ x_3 \geq 0 & &
\end{array}
$$

を考えよう．ワインの生産量を赤 2 単位，白 1 単位，ロゼ 3 単位としたとき，

$$(x_1, x_2, x_3) = (2, 1, 3)$$

$$利益 = 3 \times 2 + 4 \times 1 + 2 \times 3 = 16$$

これが最適解であることを皆さん（例えばあなた）をどのようにしたら納得させられるだろうか．

- 多くの実行可能解，例えば 100,000 個をチェックし，これらの中で上記の生産量がベストだったから．

- CPLEX がこの解を出力し，CPLEX は有名（でかつ高価）なソフトウエアなので，間違える訳がない.
- 全ての原料（ぶどう）を使い果たしていて無駄の無い生産なので最適のはず.

これらは，最適性を説明する理由として正しいのだろうか.

- 「すべての実行可能解によって満たされる不等式」による判定法：

  任意の実行可能解 (x_1, x_2, x_3) は E1〜E4 の不等式を満たす. よって実行可能解は，特に E1 と E3 の任意の非負結合も満たさなければならない.

$$2 \times \text{E1:} \quad 4x_1 \qquad\qquad\qquad\quad \leq \quad 8$$
$$2 \times \text{E3:} \qquad\qquad 6x_2 \;+\; 2x_3 \quad \leq \quad 12$$

とし，これらの和である

$$2 \times \text{E1} + 2 \times \text{E3:} \quad 4x_1 + 6x_2 + 2x_3 \leq 20 \qquad (2.1)$$

を任意の実行可能解は満たす. この不等式の左辺は，目的関数

$$\text{利益} = 3x_1 + 4x_2 + 2x_3$$

と良い関係にある. なぜかというと，(2.1) の x_1, x_2, x_3 の係数は目的関数の係数と同じかそれ以上であり，すべての変数は非負に限られているので，(2.1) の左辺は実行可能解の目的関数値を過大評価したものとなる. これより，

$$\text{利益} = 3x_1 + 4x_2 + 2x_3 \leq 4x_1 + 6x_2 + 2x_3 \leq 20$$

が，任意の実行可能解 (x_1, x_2, x_3) に対して成り立つことがわかる. より正確には，

  不等式制約の非負結合を取ることで，目的関数値は 20 を超えない
  ことが結論付けられた.

このように構成した上界を 16 まで下げることができるだろうか. もしできたならば，$(x_1, x_2, x_3) = (2, 1, 3)$ の最適性を示したこととなる. 実際にこれは可能で，不等式 E1，E2，E3 にそれぞれ 4/3, 1/3, 4/3 倍して足し合

わせると

$$\frac{4}{3} \times \mathrm{E1} + \frac{1}{3} \times \mathrm{E2} + \frac{4}{3} \times \mathrm{E3}: \quad 3x_1 + 4x_2 + 2x_3 \leq 16$$

を得る．（今のところ）このような係数をどのように見つけるかは謎ではあるが，$(x_1, x_2, x_3) = (2, 1, 3)$ という生産量が最適であることを証明できた．

線形計画問題を単体法あるいは適切なアルゴリズムで解くと，最適解だけでなく上記のような謎の係数からなるベクトルも得られる．このベクトルは双対価格とよばれている．

2.2 双対問題

前節では，小さな線形計画問題の最適性を不等式制約の非負結合を取ることで示せることを見た．線形計画問題の双対問題とは，目的関数の最良な上界を得るための不等式制約に掛ける謎の係数を求めるための線形計画問題である．

シャトーマキシム生産問題に対して，より一般的な不等式を得るために E1，E2，E3 にそれぞれ（未知の）係数として非負変数 y_1，y_2，y_3 を掛けると

$$y_1 \times \mathrm{E1} + y_2 \times \mathrm{E2} + y_3 \times \mathrm{E3}:$$
$$(2y_1 + y_2)x_1 + (3y_3)x_2 + (2y_2 + y_3)x_3 \leq 4y_1 + 8y_2 + 6y_3$$

を得る．念を押しておくが $y_1 \geq 0$，$y_2 \geq 0$，$y_3 \geq 0$ である．

この不等式の左辺が目的関数の過大評価（すなわち右辺が最適値の上界）となるためには，次の条件

$$
\begin{aligned}
2y_1 + \quad y_2 \quad &\geq 3 \\
3y_3 &\geq 4 \\
2y_2 + \quad y_3 &\geq 2
\end{aligned}
$$

が必要である．よって，最良（最小）な上界を求める問題も線形計画問題となる．

例 2.1（シャトーマキシム生産問題の双対問題）　次の問題をシャトーマキシム生産問題の双対問題と定める.

$$
\begin{array}{ll}
\text{最小化} & 4y_1 + 8y_2 + 6y_3 \\
\text{制　約} & 2y_1 + \ y_2 \qquad\quad \geq 3 \\
& \qquad\qquad\quad 3y_3 \geq 4 \\
& \qquad 2y_2 + \ y_3 \geq 2 \\
& y_1 \geq 0, \ y_2 \geq 0, \ y_3 \geq 0
\end{array}
$$

次のように記述される線形計画問題

$$
\begin{array}{ll}
\text{最大化} & c_1x_1 + \ c_2x_2 + \cdots + \ c_nx_n \\
\text{制　約} & a_{11}x_1 + a_{12}x_2 + \cdots + a_{1n}x_n \leq b_1 \\
& \qquad\vdots \qquad\quad \vdots \qquad\qquad\quad \vdots \quad\ \ \vdots \\
& a_{m1}x_1 + a_{m2}x_2 + \cdots + a_{mn}x_n \leq b_m \\
& x_1 \geq 0, \quad x_2 \geq 0, \quad \ldots, \quad x_n \geq 0
\end{array}
\tag{2.2}
$$

を**基準形** (canonical form) とよぶことにする. 基準形の線形計画問題 (2.2) に対して, 次の線形計画問題

$$
\begin{array}{ll}
\text{最小化} & b_1y_1 + \ b_2y_2 + \cdots + \ b_my_m \\
\text{制　約} & a_{11}y_1 + a_{21}y_2 + \cdots + a_{m1}y_m \geq c_1 \\
& \qquad\vdots \qquad\quad \vdots \qquad\qquad\quad \vdots \qquad\quad \vdots \\
& a_{1n}y_1 + a_{2n}y_2 + \cdots + a_{mn}y_m \geq c_n \\
& y_1 \geq 0, \quad y_2 \geq 0, \quad \ldots, \quad y_m \geq 0
\end{array}
\tag{2.3}
$$

を (2.2) の**双対問題** (dual problem) と定義する. 双対問題と区別するために元の線形計画問題を**主問題** (primal problem) とよぶことがある.

　列ベクトル b と c をそれぞれ $(b_1, b_2, \ldots, b_m)^\top$, $(c_1, c_2, \ldots, c_n)^\top$ とし, A を (i, j) 成分が a_{ij} である $m \times n$ 行列とすると, これらの線形計画問題は行列を用いて次のように

$$\begin{aligned}\text{最大化} \quad & c^\top x \\ \text{制 約} \quad & Ax \leq b \\ & x \geq \mathbf{0},\end{aligned} \tag{2.4}$$

$$\begin{aligned}\text{最小化} \quad & b^\top y \\ \text{制 約} \quad & A^\top y \geq c \\ & y \geq \mathbf{0}\end{aligned} \tag{2.5}$$

と記述できる．ここで $\mathbf{0}$ は，すべての成分が 0 である適当なサイズの列ベクトルとする．また，ベクトル同士の不等式（あるいは等式）は，対応する成分ごとの不等式（等式）が同時に成り立つことを意味し，例えば，$u \geq v$ は任意の j に対し $u_j \geq v_j$ が成立することを意味する．

　基準形の線形計画問題 (2.2) は，一般の線形計画問題に対し特殊な形式：等式制約がない最大化問題で，すべての変数が非負に制限され，その他の不等式はすべて「左辺 $\leq$ 右辺定数」というものである．

　双対問題は，それ自身は基準形ではない．しかし，基準形へ簡単に変換できる．単に，目的関数 $b^\top y$ を -1 倍して最小化を最大化とし，不等式 $A^\top y \geq c$ の両辺を -1 倍すればよい．より一般的には，任意の線形計画問題を等価な基準形の問題に書き換えられる．ここで等価とは，対応する問題同士の結果（実行不可能，非有界，最適解をもつ）が同じで，最適解同士の変換も容易であることを意味する．

クイズ　双対問題の双対は主問題と一致することを示しなさい．

　次の定理は簡単に証明できる．実はシャトーマキシム生産問題に対して既に示しており，同様の議論が一般の場合に適用できる．

定理 2.2 （弱双対定理）　主問題と双対問題の任意の組について，それぞれの実行可能解 $x = (x_1, x_2, \ldots, x_n)^\top$，$y = (y_1, y_2, \ldots, y_m)^\top$ に対して，

$$\sum_{j=1}^{n} c_j x_j \leq \sum_{i=1}^{m} b_i y_i \qquad (c^\top x \leq b^\top y) \tag{2.6}$$

が成り立つ．

弱双対性の重要な結論として，

> それぞれの実行可能解 x, y に対して，(2.6) が等号で成立するならば，
> これらはそれぞれの問題の最適解である

が導かれる．最適解の定義を用いてこれを証明しなさい．

次の定理は，主問題と双対問題がともに実行可能解をもつならば目的関数値が一致する実行可能解の組が常に存在することを示している．これは，線形計画問題の実行可能解の最適性が双対最適解を提示することで常に立証できることを意味する．

定理 2.3 （強双対定理）　線形計画問題が最適解 $\overline{x} = (\overline{x}_1, \overline{x}_2, \ldots, \overline{x}_n)^\top$ をもつならば，双対問題も最適解 $\overline{y} = (\overline{y}_1, \overline{y}_2, \ldots, \overline{y}_m)^\top$ をもち，これらの最適値は一致する，すなわち，

$$\sum_{j=1}^{n} c_j \overline{x}_j = \sum_{i=1}^{m} b_i \overline{y}_i \qquad (c^\top \overline{x} = b^\top \overline{y}) \tag{2.7}$$

が成り立つ．

この定理は，線形計画問題の理論において最も重要な定理と考えられている．強双対定理の証明は弱双対定理の証明ほど簡単ではない．強双対定理の証明については，第 4 章で行う．

主実行可能解と双対実行可能解の組による最適性規準：$c^\top \overline{x} = b^\top \overline{y}$ とは異なる方法が知られており，こちらの方が有益な場合もある．

定理 2.4 （相補性定理）　主実行可能解 $\overline{x}$ と双対実行可能解 $\overline{y}$ の組に対して以下の主張は同値である：

(a) $\overline{x}$ も $\overline{y}$ も最適解である．

(b) $c^\top \overline{x} = b^\top \overline{y}$.

(c) $\overline{y}^\top (b - A\overline{x}) = 0$ かつ $\overline{x}^\top (A^\top \overline{y} - c) = 0$,

(c′) すべての i に対し $\overline{y}_i (b - A\overline{x})_i = 0$ かつ
　　すべての j に対し $\overline{x}_j (A^\top \overline{y} - c)_j = 0$,

(c″) すべての i に対し $\overline{y}_i > 0$ ならば $(b - A\overline{x})_i = 0$, かつ

すべての j に対し $\overline{x}_j > 0$ ならば $(A^\top \overline{y} - c)_j = 0$.

2.3 実行不可能性の判定法

次の線形計画問題を考えよう.

例 2.5

$$
\begin{array}{ll}
\text{最大化} & 3x_1 + 4x_2 + 2x_3 \\
\text{制　約} &
\end{array}
$$

$$
\begin{array}{lll}
\text{E1:} & 2x_1 & \leq 4 \\
\text{E2:} & -x_1 \quad\quad - 2x_3 & \leq -15 \\
\text{E3:} & \quad\quad 3x_2 + x_3 & \leq 6 \\
\text{E4:} & x_1 \geq 0,\ x_2 \geq 0,\ x_3 \geq 0 &
\end{array}
$$

の実行不可能性をどのように示せばよいのだろうか.

明らかに,

- $100{,}000{,}000$ 個の候補の実行可能性をチョックしたがどれも実行不可能だったので，この線形計画問題は実行不可能である

という理由はナンセンスである.

実は最適性のときと本質的に同じ技法を利用できる．すなわち，線形結合を利用する.

E1, E2, E3 をそれぞれ $1/2$, 1, 2 倍して加えることで $6x_2 \leq -1$ という不等式を得るが，どの実行可能解もこの不等式を満たさない．なぜならば，この不等式は $x_2 \geq 0$ に矛盾する．よって実行可能解は存在しないと結論付けられる．この論法は次の定理より常に可能であることがわかる.

定理 2.6　(Farkas の補題)　不等式系 $Ax \leq b$, $x \geq 0$ が解をもたないことの必要十分条件は，不等式系 $y \geq 0$, $A^\top y \geq 0$, $b^\top y < 0$ が解をもつことである.

もし $y \geq 0$, $A^\top y \geq 0$, $b^\top y < 0$ を満たす $y \in \mathbb{R}^m$ が存在したならば，

$Ax \leq b,\ x \geq \mathbf{0}$ が解をもたないことを示すのは簡単である．難しいのは逆を示すことである．

2.4　非有界性の判定法

以下の 2 種類の線形計画問題を考える．

例 2.7	最大化	$3x_1 +$	$4x_2 + 2x_3$
	制　約		
	E1:	$2x_1$	≤ 4
	E2:	x_1	$+ 2x_3 \leq 8$
	E3:		$-3x_2 +\ x_3 \leq 6$
	E4:	$x_1 \geq 0,\ x_2 \geq 0,\ x_3 \geq 0.$	

例 2.8	最大化	$3x_1 -$	$4x_2 + 2x_3$
	制　約		
	E1:	$-2x_1$	≤ 4
	E2:	x_1	$-\ 2x_3 \leq 8$
	E3:		$-3x_2 +\ x_3 \leq 6$
	E4:	$x_1 \geq 0,\ x_2 \geq 0,\ x_3 \geq 0.$	

これらの線形計画問題が実行可能であることは簡単にわかる．例えば，原点 $x = (0,0,0)^{\top}$ は両方で実行可能である．非有界性についてはどうだろうか．

簡単な観察から，例 2.7 の問題については目的関数値を上から抑えられないことがわかる．任意の実行可能解において，x_2 を正の値 α だけ増やしても実行可能である．例えば，$(0,\alpha,0)^{\top}$ は実行可能で，目的関数値を 0 から 4α だけ増やした実行可能解を得ている．α を任意の正値に取れるので，実行可能領域において目的関数を上から抑えられない．よって，非有界性の証拠，すなわち 1 つの実行可能解と次の条件を満たす方向 $(0,1,0)^{\top}$ を得た．この方向の任意の正値倍をこの実行可能解に加えても実行可能性が保存され，かつ目的関数値を増加できる．

例 2.8 の問題については，このような方向を見つけるために多少の考慮が必要である．$(1,1,1)^\top$ という方向を考える．任意の正値 α に対して，この方向の α 倍を任意の実行可能解に加えると目的関数値が $\alpha\ (= (3-4+2)\alpha)$ だけ増加する．一方，実行可能性もまた保存される（なぜか）．

任意の非有界な線形計画問題に対しても同様の証拠が存在し，非有界性を簡単に見分けることができる．

定理 2.9（非有界性規準） 線形計画問題

$$\text{最大化}\quad c^\top x$$
$$\text{制　約}\quad Ax \le b,\ x \ge \mathbf{0}$$

が非有界であることの必要十分条件は，実行可能解 x と $z \ge \mathbf{0}$，$Az \le \mathbf{0}$，$c^\top z > 0$ を満たす方向 z が存在することである．

クイズ　例 2.5 と例 2.8 の線形計画問題を線形計画問題用のソフトウエアで解き，結果を吟味しなさい．それは実行不可能性／非有界性の証拠を与えているか．

2.5　いくつかの形式の双対問題

2.2 節では，基準形の線形計画問題の双対問題を定義した．本節では，他の形式で記述された線形計画問題の双対問題を紹介する．これらの双対問題は，与えられた線形計画問題を基準形に変換し，その双対問題を定義より構成し，さらに等価な記述に変換することで得られる．これより，異なる形式で記述された線形計画問題に対しても双対定理が適用できる．

まず，制約条件に関する等価な記述について注記する．

（等式制約）　　　　　　$a^\top x = b \iff a^\top x \le b,\ -a^\top x \le -b.$　　(2.8)

（自由変数）　x_j：非負制約なし $\iff x_j = x_j' - x_j'',\ x_j' \ge 0,\ x_j'' \ge 0.$

(2.9)

命題 2.10　次の表において，左側のそれぞれの線形計画問題 (P∗) に対する双対問題は右側の線形計画問題 (D∗) となる.

(P1) 最大化　　$c^\top x$ 制　約　　$Ax = b$ 　　　　　$x \geq \mathbf{0}$	(D1) 最小化　　　$b^\top y$ 制　約　　(y：自由変数) 　　　　　$A^\top y \geq c$
(P2) 最大化　　$c^\top x$ 制　約　　$Ax \leq b$ 　　　　　(x：自由変数)	(D2) 最小化　　　$b^\top y$ 制　約　　　$y \geq \mathbf{0}$ 　　　　　$A^\top y = c$
(P3) 最大化　　$(c^1)^\top x^1 + (c^2)^\top x^2$ 制　約　　$A^{11}x^1 + A^{12}x^2 = b^1$ 　　　　　$A^{21}x^1 + A^{22}x^2 \leq b^2$ 　　　　　(x^1：自由変数) 　　　　　$x^2 \geq \mathbf{0}$	(D3) 最小化　　　$(b^1)^\top y^1 + (b^2)^\top y^2$ 制　約　　(y^1：自由変数) 　　　　　　$y^2 \geq \mathbf{0}$ $(A^{11})^\top y^1 + (A^{21})^\top y^2 = c^1$ $(A^{12})^\top y^1 + (A^{22})^\top y^2 \geq c^2$

証明　形式 (P1) を考える. (2.8) より，これは次の基準形と等価となる：

$$(\text{P1}') \quad 最大化 \quad c^\top x$$
$$制　約 \quad Ax \leq b$$
$$-Ax \leq -b$$
$$x \geq \mathbf{0}.$$

双対問題の定義 (2.3) より，

(D1′)

最小化　　　$b^\top y' - b^\top y''$　　　[⟺ 最小化　　$b^\top(y' - y'')$　　　]

制　約　　$A^\top y' + (-A^\top)y'' \geq c$　[⟺　　　　　$A^\top(y' - y'') \geq c$　]

　　　　　$y', y'' \geq \mathbf{0}$　　[⟺　　　　　　$y', y'' \geq \mathbf{0}$　]

を得る. (2.9) より問題 (D1′) は (D1) と等価である. 残りについては演習問題とする.　　　□

2.6 演習問題

▶ **演習問題 2.1 線形計画問題の基準形** 任意の線形計画問題

最大化 $c_1 x_1 + c_2 x_2 + \cdots + c_n x_n$

制 約 $a_{i1} x_1 + a_{i2} x_2 + \cdots + a_{in} x_n = b_i \quad (i = 1, \ldots, k)$

$a_{i1} x_1 + a_{i2} x_2 + \cdots + a_{in} x_n \leq b_i \quad (i = k+1, \ldots, k')$

$a_{i1} x_1 + a_{i2} x_2 + \cdots + a_{in} x_n \geq b_i \quad (i = k'+1, \ldots, m)$

が基準形で記述できることを示しなさい.

▶ **演習問題 2.2 双対性** 次の基準形の線形計画問題

(LP)   最大化 $c^\top x$

制 約 $Ax \leq b$

$x \geq \mathbf{0}$

と対応する双対問題

(DP)   最小化 $b^\top y$

制 約 $A^\top y \geq c$

$y \geq \mathbf{0}$

を考える.

(a) 双対問題 (DP) の双対問題が主問題と等価であることを示しなさい.

(b) 弱双対定理：任意の主実行可能解 x' と双対実行可能解 y' に対し

$$c^\top x' \leq b^\top y'$$

が成り立つことを証明しなさい.

▶ **演習問題 2.3 Farkas の補題と双対実行不可能線形計画問題**

(a) 線形計画問題（最大化 $c^\top x$ 制約 $Ax \leq b,\ x \geq \mathbf{0}$）に対し，非有界方向，すなわち，$z \geq \mathbf{0}$, $Az \leq \mathbf{0}$, $c^\top z > 0$ 満たす z が存在するための必要十分条件は双対問題が実行不可能であることを，Farkas の補題（定理 2.6）を用いて示しなさい.

(b) 主問題も双対問題も実行不可能となる線形計画問題を作成しなさい.（ヒ

ント：平面において (a) の同値性の幾何的な解釈からこのような例が得
られる．）

▶ **演習問題 2.4　相補性条件**　次の線形計画問題を考える．

$$
\begin{aligned}
\text{最大化} \quad & 5x_1 + 3x_2 + x_3 \\
\text{制　約} \quad & 2x_1 + x_2 + x_3 \le 6 \\
& x_1 + 2x_2 + x_3 \le 7 \\
& x_i \ge 0 \quad (i = 1, 2, 3).
\end{aligned}
$$

この問題の双対問題を図を用いて解きなさい．さらに相補性条件を用いて主問
題の最適解を求めなさい．

第3章

線形計画問題の基礎：その2

3.1 双対問題の解釈

シャトーマキシムの友好的な隣人，シャトーミニムが今年は大変な不作で，シャトーマキシムの良質なブドウを購入することに興味をもっている状況を考える．シャトーマキシムも価格が公正であり，かつ総利益（ブドウの販売とワイン生産の利益の和）に損害がない限りブドウを売る用意ができているとする．

> シャトーミニムにとってシャトーマキシムからブドウを購入するためには，彼らは価格をどのように設定するべきか．

という問題を考える．シャトーマキシムの状況を再掲しよう．

ブドウ品種	赤	ワイン 白	ロゼ	供給量
ピノノワール	2	0	0	4
ガメイ	1	0	2	8
シャルドネ	0	3	1	6
		（トン／単位）		（トン／日）
	3	4	2	
		利益（千ドル／単位）		

まず，価格を次のように変数とする：

ピノノワール y_1 （千ドル／トン），
ガメイ y_2 （千ドル／トン），
シャルドネ y_3 （千ドル／トン）．

シャトーマキシムは，赤ワインを1単位生産することで3千ドルの利益を得

るので，この生産（ピノノワール 2 トンとガメイ 1 トン）に使われるブドウの
販売価格の合計は，3 千ドルを下回ってはいけない．すなわち，

$$2y_1 + 1y_2 \geq 3 \quad （赤ワインに関する制約条件）$$

が満たされる必要がある．同様に，白ワインとロゼワインに関する制約条件と
して，

$$3y_3 \geq 4 \quad （白ワインに関する制約条件）$$

$$2y_2 + 1y_3 \geq 2 \quad （ロゼワインに関する制約条件）$$

が満たされる必要がある．

　明らかにシャトーミニムの興味は，ブドウの総購入費を最小化することで，価
格付け問題は次の線形計画問題：

$$
\begin{array}{llll}
最小化 & 4y_1 + 8y_2 + 6y_3 & & （総購入費最小化） \\
制約 & 2y_1 + y_2 & \geq & 3 \\
 & 3y_3 & \geq & 4 \\
 & 2y_2 + y_3 & \geq & 2 \\
 & y_1 \geq 0,\ y_2 \geq 0,\ y_3 \geq & & 0
\end{array}
$$

となる．

　この問題に幾分かの覚えがないだろうか．実はこの問題は，前章で定義した
双対問題に他ならない．

シャトーマキシム生産問題：

$$
\begin{array}{lll}
最大化 & 3x_1 + 4x_2 + 2x_3 & \qquad 最適解 \quad \overline{x} = (2, 1, 3)^{\top} \\
制約 & 2x_1 \leq 4 & \\
 & x_1 + 2x_3 \leq 8 & \\
 & 3x_2 + x_3 \leq 6 & \\
 & x_1 \geq 0,\ x_2 \geq 0,\ x_3 \geq 0, &
\end{array}
$$

その双対問題 ＝ シャトーミニム価格付け問題：

最小化 $\quad 4y_1 + 8y_2 + 6y_3 \qquad\qquad$ 最適解 $\quad \overline{y} = (4/3, 1/3, 4/3)^\top$

制　約 $\quad 2y_1 + \ y_2 \qquad\qquad \geq 3$

$$3y_3 \geq 4$$

$$2y_2 + \ y_3 \geq 2$$

$$y_1 \geq 0, \ y_2 \geq 0, \ y_3 \geq 0.$$

弱双対定理は以下を主張している：

- シャトーミニムの総購入費は，シャトーマキシムの総利益を下回ることができない．

強双対定理は以下を主張している：

- 両者が最適に行動するならば，シャトーミニムの総購入費とシャトーマキシムのワイン生産で得られる総利益は一致する．
- すなわち，シャトーマキシムにとってワイン生産で得られる利益とブドウを売ることで得られる利益に違いがない．

3.2　演習（感度分析の準備）

　シャトーマキシムは隣人のシャトーミニムとは長い付合いであるため，今年のガメイの収穫量が非常に少なかったシャトーミニムに対してガメイを売ることを決めた．理論的な結果から販売価格を 1/3（千ドル／トン）と固定するが，シャトーマキシムは総利益が変化しないようにしたい．シャトーマキシムは，この価格でガメイをどれだけ売れるだろうか．

　シャトーミニムに売るガメイの量を徐々に変化させたとき，対応する線形計画問題を線形計画問題用ソフトウエアで解き，総利益（ワイン生産とブドウ販売の利益の和）の変化を図 3.1 に描き，臨界点（傾きの変化する点）を確認しなさい．

3.3　感度分析

　感度分析 (sensitivity analysis) とは線形計画問題の係数の（正方向あるいは

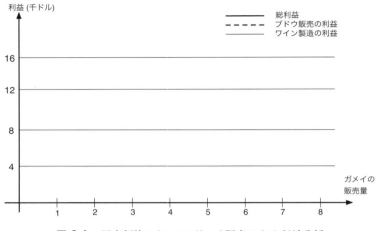

図 3.1　固定価格 1/3 でのガメイ販売による利益分析

負方向への）変化に対する（主あるいは双対）最適解の安定性に関する分析である．以下の 2 種類の分析がある．

A. 右辺定数の変化に関する双対最適解の安定性

　制約式を 1 つ固定し，対応する右辺定数をパラメータ α だけ変化させる線形計画問題を考える．例えば，

$$\begin{aligned}
\text{最大化} \quad & 3x_1 + 4x_2 + 2x_3 \\
\text{制　約} \quad & 2x_1 \qquad\qquad\quad \leq 4 \\
& x_1 \qquad\quad + 2x_3 \leq 8 + \alpha \\
& \qquad 3x_2 + \ x_3 \leq 6 \\
& x_1 \geq 0,\ x_2 \geq 0,\ x_3 \geq 0
\end{aligned}$$

とする．次の問い

> 双対最適解（双対価格）$(\bar{y}_1, \bar{y}_2, \bar{y}_3) = \left(\dfrac{4}{3}, \dfrac{1}{3}, \dfrac{4}{3}\right)$ が安定である α の区間はどうなるか．

に対しては

$$\underset{\substack{\| \\ \text{減少量限界}}}{-6} \ \leq \ \alpha \ \leq \ \underset{\substack{\| \\ \text{増加量限界}}}{6}$$

となる.

B. 目的関数の変化に関する主最適解の安定性

　目的関数の変数を1つ固定し，この係数をパラメータ β だけ変化させる線形計画問題を考える．例えば，

$$\text{最大化} \quad 3x_1 + (4+\beta)x_2 + 2x_3$$
$$\text{制　約} \quad 2x_1 \qquad\qquad\quad \leq 4$$
$$x_1 \qquad + 2x_3 \leq 8$$
$$3x_2 + x_3 \leq 6$$
$$x_1 \geq 0,\ x_2 \geq 0,\ x_3 \geq 0$$

とする．次の問い

> 主最適解 $(\bar{x}_1, \bar{x}_2, \bar{x}_3) = (2,1,3)$ が安定である β の区間はどうなるか.

に対しては

$$\underset{\text{減少量限界}}{\underline{-4}} \ \leq \ \beta \ \leq \ \underset{\text{増加量限界}}{\underline{2}}$$

となる.

LINDO による感度分析：LINDO を用いると以下のような結果を得る．α, β の限界量が正しいことが確認できる.

```
RANGES IN WHICH THE BASIS IS UNCHANGED
            OBJ COEFFICIENT RANGES
VARIABLE      CURRENT        ALLOWABLE        ALLOWABLE
               COEF          INCREASE         DECREASE
   X1        3.000000        INFINITY         2.666667
   X2        4.000000        2.000000         4.000000   << β
   X3        2.000000        5.333333          .666667

            RIGHTHAND SIDE RANGES
   ROW        CURRENT        ALLOWABLE        ALLOWABLE
               RHS           INCREASE         DECREASE
```

2	4.000000	12.000000	4.000000	
3	8.000000	6.000000	6.000000	<< α
4	6.000000	INFINITY	3.000000	

CPLEX による感度分析： CPLEX を用いると以下のような結果を得る．表記の仕方が異なるが，α, β の限界量が正しいことが確認できる．

```
OBJ Sensitivity Ranges
Variable Name  Reduced Cost      Down    Current         Up
x1                     zero    0.3333     3.0000  +infinity
x2                     zero      zero     4.0000     6.0000   << β
x3                     zero    1.3333     2.0000     7.3333
---
Display what: rhs
Display RHS sensitivity for which constraint(s): c1-c3
RHS Sensitivity Ranges
Constraint Name  Dual Price      Down    Current         Up
c1                   1.3333      zero     4.0000    16.0000
c2                   0.3333    2.0000     8.0000    14.0000   << α
c3                   1.3333    3.0000     6.0000  +infinity
```

　図 3.2 は感度分析の図的な意味を提示している．ガメイの供給量（第 2 制約式）が 8 トンから 1 トンまで徐々に変化した状況である．主最適解は ● で示された点で，供給量 8 トンの場合の最上点から供給量 2 トンの場合の最下点まで直線上を連続的に変化し，その後供給量 1 トンの場合の点へと右に折れる．これは，供給量 2 トンが 6 トンの減少 ($\alpha = -6$) に対応した臨界状態であることを示す．実際に，供給量が 2 トンを下回った場合は，実行可能領域の構造が異なったものへと変化する．特に，ピノノワールに関する制約式 $2x_1 \leq 4$ が（供給過剰でどの実行可能な生産でも使い切れず）無意味となり，相補性定理よりその価格は 0 となる．すなわち，感度分析では 6 が減少限界量と定まる．

　α の増加に関する実行可能領域の変化は簡単に想像できるであろう．ガメイの供給量の増加に伴い実行可能領域の形状は連続的に変化し，この連続的な変化は制約に対応した面が尖ったピラミッド状の実行可能領域から外れるまで続く．（LINDO/CPLEX の出力からもわかるように）臨界状態となる α（増加限界量）は 6 で，ガメイの供給量が 14 ($= 8 + 6$) を超えたときガメイの双対価格は 0 となる．

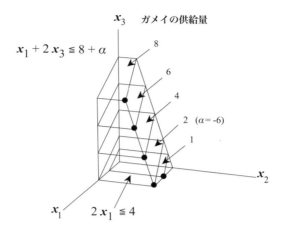

図 3.2　ガメイの供給量の変化に関する双対価格の感度分析

3.4　演習問題

▶ **演習問題 3.1　シャトーマキシム：パート 1**　シャトーマキシムは，自社の
ブドウ畑で栽培している 3 種類のブドウを用いて，赤，白，ロゼの 3 種類のワ
インを生産している．各ワインを 1 単位生産するのに必要なブドウの量，各ブ
ドウの 1 日あたりの供給量，ワイン 1 単位あたりの販売利益は以下の表の通り
とする．

	赤	白	ロゼ	供給量
ピノノワール	2	0	0	4
ガメイ	1	0	2	8
シャルドネ	0	3	1	6
利益	3	4	2	

　シャトーマキシムは，新しい赤ワイン "Réserve du Patron" (RdP) の生産を
検討している．RdP を 1 単位生産するためには，1.5 単位のピノノワールと同量
のガメイを必要とする．さらに RdP は高々 2 単位しか生産できない．LP_solve[1]
を用いて，RdP の 1 単位あたりの利益が（0 から 5 の範囲で）変化した場合の
最適生産計画と総利益の変化を解析しなさい．総利益の変化をグラフとして描
き，戦略の変化がどの状況で起こるか示しなさい．

---

[1] 第 12 章を参照.

▶ **演習問題 3.2　シャトーマキシム：パート 2**

 (a) シャトーマキシムの農業および食品科学部 (D-AGRL) は，ピノノワール
   とガメイの生産量の変化のためにブドウ畑の再耕作を提案している．ピ
   ノノワールの畑の半分までガメイ用に変更可能で，逆にガメイの畑の 1/4
   までピノノワール用に変更可能とする．両方のブドウとも畑 1 単位あた
   りの生産量は同じとする．どのように総利益を最大化するか．（RdP は
   考慮せずに）最適な耕作と生産の戦略を LP_solve を用いて求めなさい．

 (b) 次にピノノワールをガメイに置き換えると畑 1 単位あたり 5 倍の生産量
   が得られると仮定する．このときの最適戦略と総利益はどうなるか．

アルゴリズム

　第 4 章の主目的は，一般の線形計画問題に対して有限回の反復で終了する 2 種類のアルゴリズム，十文字法と単体法を紹介することである．前の章で紹介した強双対定理（定理 2.3），定理 2.6 と定理 2.9 は，これらのアルゴリズムが有限回反復で終了することから導かれる．

　十文字法と単体法は，ピボット演算とよばれる行列演算を基本操作とする．両アルゴリズムともに，定理 2.4 で述べられた相補性条件を満たす主解 x と双対解 y の組を保持し，主解と双対解がともに実行可能になるか，主問題あるいは双対問題が実行不可能である証拠が見つかるまでピボット演算を用いて組 (x, y) を生成し続ける．単体法は，初期主実行可能解を必要とし，実行中に主解 x の実行可能性を保存する．一方，十文字法は，主解あるいは双対解の実行可能性を必要とせず，実行中もこれらの実行可能性は保存しない．

　本章では，内点法と総称されるアルゴリズムについては触れない．内点法は，凸最適化問題など一般的な最適化問題にも適用可能な場合があり，第 11 章で扱う．内点法のひとつのバリエーションは，実行可能な主双対解の組 (x, y) を保持し，相補性条件が充分に満たされるまで新たな実行可能解の組を生成し続ける．ここで相補性条件が充分に満たされるとは，簡単な操作により最適解の組が得られる状態を意味する．

　ピボット演算によるアルゴリズムを明確に記述するために，通常とは異なる行列の拡張表記法を導入する．通常の行列表記法では，行と列は連続な整数の集合 $\{1, 2, \ldots, n\}$ を用いて添字付けされる．拡張表記法では，行列の行と列はそれぞれ有限集合の要素を用いて添字付けされる．通常の行列表記法で線形代数を学んだ方にも拡張表記法は自然で簡単に理解できるものと思う．

　この拡張表記法の利便性は，アルゴリズムの記述が簡単でかつ正確にできる

ことである．その記述は人に読みやすいうえ，高級言語を用いた計算機への実装も簡単である．

4.1　行列表記法

M と N を有限集合とし，$M \times N$ **行列** ($M \times N$ matrix) を M と N の要素で添字付けされた数あるいは変数の集まり

$$A = (a_{ij} : i \in M,\ j \in N)$$

として定める．ここで，M の各要素を**行添字** (row index)，N の各要素を**列添字** (column index)，各 a_{ij} を (i, j) **成分** ((i, j)-component, (i, j)-entry) とよぶ．

$R \subseteq M$ と $S \subseteq N$ に対して，$R \times S$ 行列 $(a_{rs} : r \in R,\ s \in S)$ を A の小行列あるいは部分行列とよび，A_{RS} と記述する．また簡易表記として，A_{RN} を A_R と，A_{MS} を $A_{.S}$ と記述し，さらに $A_{\{i\}}$ を A_i と，$A_{.\{j\}}$ を $A_{.j}$ と記述する．各 $i \in M$，$j \in N$ に対して，$A_i = (a_{ij} : j \in N)$ を A の**第 i 行** (i-row)，$A_{.j} = (a_{ij} : i \in M)$ を A の**第 j 列** (j-column) とよぶ．以下の図は小行列の視覚的な理解の助けとなるだろう．

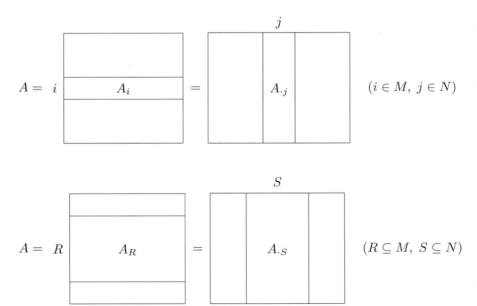

もし行添字と列添字が文脈から明らかな場合や重要でない場合には，$M \times N$ 行列を単に**行列**とよぶこともある．正整数 m と n に対して，$m \times n$ 行列とは M と N の要素数がそれぞれ m と n である $M \times N$ 行列を意味する．今後 $m \times n$ 行列という表現を特に添字集合を定めることなく用い，断りがない限り $m \times n$ 行列は $M = \{1, \ldots, m\}$ と $N = \{1, \ldots, n\}$ を添字集合とする $M \times N$ 行列とみなす．また誤解のない場合は，$m \times S$ 行列や $R \times n$ 行列という混合表現も用いる．

$M \times N$ 行列を，N が単集合（$\{1\}$ と同一視）であるとき，**列 M ベクトル** (column M-vector) といい，同様に M が単集合（$\{1\}$ と同一視）であるとき，**行 N ベクトル** (row N-vector) という．また誤解のないとき，単に**列ベクトル** (column vector)，**行ベクトル** (row vector) という．断りがない限り，単に**ベクトル** (vector) と表現したとき，それは列ベクトルを意味する．行ベクトルと列ベクトルは，$x = (x_j : j \in N)$ のように英小文字を用いて表記し，各成分は 1 つの添字集合をもつとする．極端な場合として，添字集合 M と N が $\{1\}$ とみなせる行列を**スカラー** (scalar) という．

$K \times K$ 行列 A が，$i = j$ のとき $a_{ij} = 1$ で，それ以外のとき $a_{ij} = 0$ を満たすとき**単位行列** (identity matrix) といい，特に $K \times K$ 単位行列を $I^{(K)}$ と表記する．すべての成分が 0 である行列を **0** と表記するが，通常文脈から行と列の添字集合は明らかとする．

また，成分が実数，有理数，整数に限られる場合には，それぞれ**実行列** (real matrix)，**有理行列** (rational matrix)，**整数行列** (integer matrix) とよぶ．

行列 A の**第 i 行ベクトル** (i-row vector of A) という表現は，A の第 i 行 A_i から i と 1 を同一視して得られる行ベクトルを意味する．同様に，A の**第 j 列ベクトル** (j-column vector of A) という表現を用いる．$K \times K$ 単位行列 $I^{(K)}$ の第 j 列ベクトル ($j \in K$) を $e_j^{(K)}$ と表記し，**単位ベクトル** (unit vector) とよぶ．

行列 A とスカラー α に対して，A の α 倍を A の各成分を α 倍した行列として定義し，αA と表記する．A の**負** (negative) $-A$ は A の -1 倍と定める．$M \times N$ 行列 A に対して，A の**転置** (transpose) $A^{\top}$ を，$b_{ij} = a_{ji}$ を満たす $N \times M$ 行列 $B = (b_{ij} : i \in N, j \in M)$ と定める．$M \times N$ 行列 A と B の**和** (sum) $A + B$ を，$c_{ij} = a_{ij} + b_{ij}$ を満たす $M \times N$ 行列 $C = (c_{ij} : i \in M, j \in N)$ と定める．$M \times N$ 行列 A と $N \times K$ 行列 B の**積** (product)

AB を，$c_{ik} = \sum_{j \in N} a_{ij} \times b_{jk}$ を満たす $M \times K$ 行列 $C = (c_{ik} : i \in M, k \in K)$ と定める．

　$M \times N$ 実行列全体の集合を $\mathbb{R}^{M \times N}$ と表記し，列 N 実ベクトル全体の集合を $\mathbb{R}^N$ と表記する．

4.2　線形計画問題の辞書形式

　線形計画問題の基準形は，与えられた行列 A とベクトル b，c を用いて

$$
\begin{array}{ll}
\text{最大化} & c^\top x \\
\text{制　約} & Ax \leq b \\
& x \geq \mathbf{0}
\end{array}
\tag{4.1}
$$

と表現される．

　具体例として，再びシャトーマキシム生産問題（例 1.1）を考える：

$$
\begin{array}{lrrr}
\text{最大化} & 3x_1 + 4x_2 + 2x_3 & & \\
\text{制　約} & 2x_1 & & \leq 4 \\
& x_1 & + 2x_3 & \leq 8 \\
& 3x_2 + & x_3 & \leq 6 \\
\end{array}
$$
$$
x_1 \geq 0,\ x_2 \geq 0,\ x_3 \geq 0.
$$

この線形計画問題を解く際には，**スラック変数** (slack variables) とよばれる非負変数を新たに導入することで，不等式を等式に変換する．例えば，新たな非負変数 x_4，x_5，x_6 を導入することで，上記の制約条件を等価な制約条件：

$$
\begin{array}{rrrrl}
2x_1 & & + x_4 & & = 4 \\
x_1 & + 2x_3 & & + x_5 & = 8 \\
3x_2 + & x_3 & & & + x_6 = 6 \\
\end{array}
$$
$$
x_1 \geq 0,\ x_2 \geq 0,\ x_3 \geq 0,\ x_4 \geq 0,\ x_5 \geq 0,\ x_6 \geq 0
$$

に変換する．スラック変数の添字 4，5，6 は，元々のピノノワール，ガメイ，シャルドネの供給量に対応した不等式制約にそれぞれ対応し，スラック変数の値は供給量に対する余剰あるいは超過量を意味している．例えば，ある実行可能解において x_4 が正ならば，ピノノワールの供給量 4 を使い切っておらず，供

給超過となる.

　さらに目的関数 $c^\top x$ に対応した新たな変数 x_f を導入し

$$-3x_1 - 4x_2 - 2x_3 + x_f \quad = 0$$

とする. よって元の線形計画問題は,

$$
\begin{aligned}
\text{最大化} \quad & x_f = 0 + 3x_1 + 4x_2 + 2x_3 \\
\text{制　約} \quad & x_4 = 4 - 2x_1 \\
& x_5 = 8 - x_1 - 2x_3 \\
& x_6 = 6 - 3x_2 - x_3 \\
& x_1,\ x_2,\ x_3,\ x_4,\ x_5,\ x_6 \geq 0
\end{aligned}
$$

と等価となる. 最後に等式制約式を同次な等式系とするために新たな変数 x_g を導入し,

$$
\begin{aligned}
\text{最大化} \quad & x_f = 0 \cdot x_g + 3x_1 + 4x_2 + 2x_3 \\
\text{制　約} \quad & x_4 = 4 \cdot x_g - 2x_1 \\
& x_5 = 8 \cdot x_g - x_1 - 2x_3 \\
& x_6 = 6 \cdot x_g - 3x_2 - x_3 \\
& x_g = 1 \\
& x_1,\ x_2,\ x_3,\ x_4,\ x_5,\ x_6 \geq 0
\end{aligned}
$$

と書き換える. 同次等式系の部分は, $B = \{f, 4, 5, 6\}$ と $N = \{g, 1, 2, 3\}$ を添字集合とする行列

$$
D = \begin{bmatrix}
0 & 3 & 4 & 2 \\
4 & -2 & 0 & 0 \\
8 & -1 & 0 & -2 \\
6 & 0 & -3 & -1
\end{bmatrix}
$$

を用いて

$$x_B = D x_N$$

と表現される. 重要な注意点として, 行列 D の最初の行と列に位置する 0 は, d_{11} ではなく d_{fg} と表記され, 2 番目の行と列に位置する -2 は d_{22} ではなく d_{41} と表記されることである. この通常とは異なる表記法は変数間の対応関係を明

確に表現しているが，行と列の添字を同時的に連続整数とする通常の行列表記法では変数間の対応関係を完全に失ってしまう．

一般に，基準形の線形計画問題は

$$
\begin{aligned}
\text{最大化} \quad & x_f \\
\text{制　約} \quad & x_f = 0 \cdot x_g + c^\top x_{N_0} \\
& x_{B_0} = b \cdot x_g - A x_{N_0} \\
& x_g = 1 \\
& x_j \geq 0 \quad (j \in B_0 \cup N_0)
\end{aligned}
$$

と変換され，新しいベクトル x は $E = B_0 \cup N_0 \cup \{f, g\}$ を添字集合とし，(4.1) における元のベクトル x は x_{N_0} に置き換えられている．

行列 D を次のように

$$
D = \begin{bmatrix} 0 & c^\top \\ b & -A \end{bmatrix} \tag{4.2}
$$

と定めることで，基準形の線形計画問題は，**辞書形式** (dictionary form)

$$
\begin{aligned}
\text{最大化} \quad & x_f \\
\text{制　約} \quad & x_B = D x_N \\
& x_g = 1 \\
& x_j \geq 0 \quad (j \in E \setminus \{f, g\})
\end{aligned} \tag{4.3}
$$

と表現できる．ただし，E は互いに素な部分集合 B と N に分割された有限集合で，D は与えらた $B \times N$ 行列で，$g \in N$，$f \in B$ とする．f を**目的添字** (objective index)，g を**右辺項添字** (RHS index, right hand side index) という．集合 B を**基底** (basis)，N を**非基底** (nonbasis)，行列 D を**辞書** (dictionary) とよぶ．行列 D と添字 f，g により線形計画問題が記述されていることを注記する．

第 4 章の主目的は，辞書形式で記述された線形計画問題を解く有限回の反復で終了するアルゴリズムを与えることであり，十文字法と単体法という 2 種類のアルゴリズムを与える．強双対定理はこれらのアルゴリズムの有限終了性より導かれる．

まず基本用語を定義する．ベクトル $x \in \mathbb{R}^E$ が (4.3) のすべての制約条件を

満たすとき**実行可能解** (feasible solution) であるという．すべての実行可能解の中で目的関数を最大化するものを，**最適解** (optimal solution) という．線形計画問題が実行可能解をもつとき，**実行可能** (feasible) であるといい，そうでないとき**実行不可能** (infeasible) であるという．ベクトル $z \in \mathbb{R}^E$ が，$z_f > 0$，$z_g = 0$ と $z_g = 1$ 以外のすべての制約条件を満たすとき，**非有界方向** (unbounded direction) であるという．

線形計画問題が実行不可能あるいは非有界方向をもつとき，それは最適解をもたないことが簡単に示せる．線形計画問題の基本的な事実（定理 1.5）として，逆の主張も真であり，「線形計画問題が最適解をもつための必要十分条件はそれが実行可能でかつ非有界方向をもたないことである」が成立する．この主張は，以下で議論する双対定理の系として示せる．

辞書形式の線形計画問題 (4.3) の**双対問題** (dual problem) を，次の辞書形式の線形計画問題として定義する：

$$
\begin{aligned}
&\text{最大化} && y_g \\
&\text{制約} && y_N = -D^\top y_B \\
& && y_f = 1 \\
& && y_j \geq 0 \quad (j \in E \setminus \{f, g\}).
\end{aligned}
\tag{4.4}
$$

すなわち，双対問題では基底と非基底が入れ替わり，f と g が入れ替わり，辞書は負転置行列で置き換えられる．

ベクトル $y \in \mathbb{R}^E$ が (4.4) のすべての制約条件を満たすとき**双対実行可能解** (dual feasible solution) であるという．すべての双対実行可能解の中で目的関数を最大化するものを，**双対最適解** (dual optimal solution) という．線形計画問題が双対実行可能解をもつとき，**双対実行可能** (dual feasible) であるといい，そうでないとき**双対実行不可能** (dual infeasible) であるという．ベクトル $w \in \mathbb{R}^E$ が，$w_g > 0$，$w_f = 0$ と $w_f = 1$ 以外のすべての制約条件を満たすとき，**双対非有界方向** (dual unbounded direction) であるという．

命題 4.1 辞書形式の線形計画問題の双対問題 (4.4) は，基準形の線形計画問題の双対問題 (2.5) にスラック変数および目的関数に対応した変数を導入した拡張形である．

証明 基準形の線形計画問題を辞書形式に変換したときの (4.2) で定まる行列 D を考える.

$$-D^\top = \begin{bmatrix} 0 & -b^\top \\ -c & A^\top \end{bmatrix}$$

であるから, (4.4) の線形計画問題は,

$$
\begin{aligned}
\text{最大化} \quad & y_g \\
\text{制 約} \quad & y_g = \quad 0 \cdot y_f \ - b^\top y_{B_0} \\
& y_{N_0} = -c \cdot y_f \ + A^\top y_{B_0} \\
& y_f = \quad 1 \\
& y_j \geq \quad 0 \quad (j \in B_0 \cup N_0)
\end{aligned}
\tag{4.5}
$$

と書き直せる. y_f に 1 を代入し, y_{N_0} と y_g を消去すると線形計画問題

$$
\begin{aligned}
\text{最小化} \quad & b^\top y_{B_0} \\
\text{制 約} \quad & A^\top y_{B_0} \geq c \\
& y_{B_0} \geq \mathbf{0}
\end{aligned}
\tag{4.6}
$$

を得る. この問題は, y_{B_0} を y と置き換えれば, 基準形の線形計画問題の双対問題 (2.5) に等しい. □

上記の証明において重要な 2 点を述べておこう. まず第 1 に, 辞書形式 (4.5) の目的関数 y_g は $-b^\top y$ を表すが, これより辞書形式の双対問題は主問題同様に最大化問題となる. 第 2 に, 導かれた基準形の双対問題 (4.6) において, y_{B_0} は, 行列 A の行添字集合 B_0 により添字付けされる. これは自然なことで, 双対変数は A の各行で定まる不等式に対応している. 先の具体例においては, $B_0 = \{4,5,6\}$ であったので, 具体例に対する (4.6) は

$$
\begin{aligned}
\text{最小化} \quad & 4y_4 + 8y_5 + 6y_6 \\
\text{制 約} \quad & 2y_4 + \ y_5 \qquad\qquad \geq 3 \\
& \qquad\qquad\qquad 3y_6 \geq 4 \\
& \qquad\quad 2y_5 + \ y_6 \geq 2 \\
& y_4 \geq 0, \ y_5 \geq 0, \ y_6 \geq 0
\end{aligned}
\tag{4.7}
$$

と書ける．これは例 2.1 の双対問題で変数 y_1, y_2, y_3 をそれぞれ y_4, y_5, y_6 に置き換えたものに等しい．例 2.1 の形式は広く利用され，標準的な形式である．添字 1, 2, 3 は行列 A の列（すなわち赤ワイン，白ワイン，ロゼ）に対応し，一方，添字 4, 5, 6 は異なる対象であるブドウの種類（ピノノワール，ガメイ，シャルドネ）に対応しているので，添字 4, 5, 6 を用いた (4.7) の方が理論的に適切である．

辞書形式の線形計画問題の主問題と双対問題の組に関して，単純だが重要な注目点は，主実行可能解 x と双対実行可能解 y が

$$x^\top y = x_B^\top y_B + x_N^\top y_N = 0 \tag{4.8}$$

を満たすことである．この x と y の直交性は，これらが辞書形式における等式 $x_B = Dx_N$ と $y_N = -D^\top y_B$ を満たす限り成立する．

固定した $j \in N$ に対し，主問題 (4.3) に関して $\overline{x}_j = 1, \overline{x}_{N-j} = \mathbf{0}, \overline{x}_B = D_{\cdot j}$ と定めたベクトルは (4.3) の等式系 $x_B = Dx_N$ を満たす．このベクトルを $x(B,j)$ と表記する．特に，ベクトル $x(B,g)$ は，$x_g = 1$ を含む (4.3) のすべての等式を満たし，これを基底 B に関する（**主**）**基底解** ((primal) basic solution) とよぶ．残りの $j \in N-g$ に対しては，ベクトル $x(B,j)$ の g 成分は 0 であり，これらを**基底方向** (basic directions) とよぶ．

同様に，固定した $i \in B$ に対し，双対問題 (4.4) に関して $\overline{y}_i = 1$, $\overline{y}_{B-i} = \mathbf{0}$, $\overline{y}_N = -(D_i)^\top$ と定めたベクトルは (4.4) の等式系 $y_N = -D^\top y_B$ を満たす．このベクトルを $y(B,i)$ と表記する．ベクトル $y(B,f)$ は，$y_f = 1$ を含む (4.4) のすべての等式を満たし，これを**双対基底解** (dual basic solution) とよぶ．残りの $i \in B-f$ に対しては，$y(B,i)$ の f 成分は 0 であり，これらを**双対基底方向** (dual basic directions) とよぶ．

基底解と基底方向（まとめ）

$j \in N$ に対し，ベクトル $x(B,j)$ は

$$\overline{x}_j = 1$$
$$\overline{x}_{N-j} = \mathbf{0}$$
$$\overline{x}_B = D_{\cdot j}$$

を満たす等式系 $x_B = Dx_N$ の一意解 $\overline{x}$ である.

$$x(B,g):\quad 基底\ B\ に関する基底解$$

$$x(B,j):\quad 基底\ B\ と\ j \in N - g\ に関する基底方向$$

$i \in B$ に対し, ベクトル $y(B,i)$ は

$$\overline{y}_i = 1$$
$$\overline{y}_{B-i} = \mathbf{0}$$
$$\overline{y}_N = -(D_i)^\top$$

を満たす等式系 $y_N = -D^\top y_B$ の一意解 $\overline{y}$ である.

$$y(B,f):\quad 基底\ B\ に関する双対基底解$$

$$y(B,i):\quad 基底\ B\ と\ i \in B - f\ に関する双対基底方向$$

辞書形式の線形計画問題に対する弱双対定理と強双対定理を述べよう.

定理 4.2 (弱双対定理) 辞書形式の線形計画問題 (4.3) について, 主実行可能解 x と双対実行可能解 y は $x_f + y_g \leq 0$ を満たす.

証明 それぞれ x と y を主実行可能解と双対実行可能解とする. (4.8) より $x^\top y = 0$ であるので,

$$
\begin{aligned}
x_f + y_g &= x_f y_f + x_g y_g && (\because x_g = 1,\ y_f = 1)\\
&= x^\top y - \sum_{j \in E \setminus \{f,g\}} x_j y_j \\
&= - \sum_{j \in E \setminus \{f,g\}} x_j y_j \\
&\leq 0 && (\because x_j \geq 0,\ y_j \geq 0\ (\forall j \in E \setminus \{f,g\}))
\end{aligned}
$$

と示せる. □

弱双対定理から得られる系として, もし主問題が非有界であるならば双対問

題は実行不可能である．なぜなら，仮に主問題が非有界でかつ y が双対実行可能解だとすると，x_f が幾らでも大きくなるような主実行可能解 x が存在する．例えば，$x_f > 1 - y_g$ であるような主実行可能解 x が存在すると定理 4.2 の $x_f + y_g \leq 0$ に矛盾する．弱双対定理から得られるもう 1 つの系として，主実行可能解 x と双対実行可能解 y が $x_f + y_g = 0$ を満たすならば，これらはそれぞれ最適解である．なぜなら，任意の主実行可能解 $\overline{x}$ に対して，$\overline{x}_f + y_g \leq 0$ より，$x_f \geq \overline{x}_f$ を得るが，これは x が主問題の最適解であることを意味する．双対問題についても同様である．以下で述べる強双対定理は，等式 $x_f + y_g = 0$ を満たす双対実行可能解 y を提示することで，主実行可能解 x の最適性を必ず示せることを主張している．

定理 4.3 （強双対定理） 辞書形式の線形計画問題 (4.3) について，以下の主張が成り立つ．

(a) もし主問題も双対問題も実行可能ならば，ともに最適解をもつ．さらに最適値の和は 0 となる．

(b) もし主問題か双対問題の一方が実行不可能ならば，どちらの問題も最適解をもたない．さらに，もし双対問題（主問題）が実行不可能ならば，主問題（双対問題）は実行不可能か非有界となる．

この定理の証明は，4.4 節で与える．

辞書形式の線形計画問題 (4.3) は，線形計画問題を解くいくつかのアルゴリズムにとって理想的な表現である．これらのアルゴリズムはピボット演算を基本演算とし，現在の基底 B をある $r \in B$ と $s \in N$ を用いて新しい基底 $B - r + s$ に置き換え，それに伴い辞書 D も等価な線形等式系となるように更新する．すなわち，辞書の更新においては対応する線形等式系を満たす解集合全体を保存し，線形計画問題としても等価なものとなる．これらのアルゴリズムは，最適解を得るかあるいは最適解が存在しない証拠を得るまでピボット演算を繰り返す．辞書は，最適性，実行不可能性，非有界性などの簡単な証拠を容易に与えてくれる．

次に辞書（あるいは基底）の 4 種類のタイプを紹介する．

(a) 辞書 D（あるいは対応する基底 B）を，すべての $i \in B - f$ に対し $d_{ig} \geq 0$

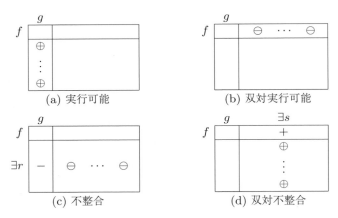

図 4.1   4 タイプの辞書

であるとき，（主）**実行可能** ((primal) feasible) であるという．

(b) 辞書 D（あるいは対応する基底 B）を，すべての $j \in N-g$ に対し $d_{fj} \leq 0$ であるとき，**双対実行可能** (dual feasible) であるという．

(c) 辞書 D（あるいは対応する基底 B）を，ある $r \in B-f$ が存在し $d_{rg} < 0$ かつすべての $j \in N-g$ に対し $d_{rj} \leq 0$ であるとき，（主）**不整合** ((primal) inconsistent) であるという．

(d) 辞書 D（あるいは対応する基底 B）を，ある $s \in N-g$ が存在し $d_{fs} > 0$ かつすべての $i \in B-f$ に対し $d_{is} \geq 0$ であるとき，**双対不整合** (dual inconsistent) であるという．

4 タイプの辞書を図示すると，図 4.1 のようになる．ここで，記号 $+$，$-$，$\oplus$，$\ominus$ はそれぞれ正の成分，負の成分，非負の成分，非正の成分を意味する．

命題 4.4   辞書形式の線形計画問題について，以下の主張が成り立つ．
(a) 辞書が実行可能ならば，対応する基底解は実行可能である．
(b) 辞書が双対実行可能ならば，対応する双対基底解は実行可能である．
(c) 辞書が主実行可能かつ双対実行可能ならば，対応する基底解 $\bar{x}$ と対応する双対基底解 $\bar{y}$ はそれぞれ最適解であり，さらに $\bar{x}_f + \bar{y}_g = 0$ が成り立つ．

証明   対象の辞書 D の基底を B，非基底を N とする．

(a) 辞書 D が実行可能なとき，基底解 $x(B,g)$ はすべての非負制約を満たすので実行可能である．

(b) 辞書 D が双対実行可能なとき，双対基底解 $y(B,f)$ はすべての非負制約を満たすので双対実行可能である．

(c) 辞書 D が主実行可能かつ双対実行可能とする．$x(B,g)_f = d_{fg}$ かつ $y(B,f)_g = -d_{fg}$ であるから，これらの和は 0 である．弱双対定理（定理 4.2）よりそれぞれ最適解となる．　　　　　　　　　　　　　　　　□

辞書が主実行可能かつ双対実行可能なとき（上記主張 (c) のとき）の $x(B,g)$ の最適性を直接確認するのも役に立つだろう．任意の主実行可能解 x は

$$x_f = d_{fg}x_g + \sum_{j \in N-g} d_{fj}x_j$$

を満たさなければならない．主基底解 $x(B,g)$ は実行可能であり，目的関数値は d_{fg} である．一方，辞書が双対実行可能なので，すべての $j \in N-g$ に対し $d_{fj} \leq 0$ である．任意の主実行可能解 x は，すべての $j \in N-g$ に対し $x_j \geq 0$ を満たすので，$x_f \leq d_{fg}$ でなければならず，$x(B,g)$ は最適解である．

命題 4.4(c) の主張から，主実行可能かつ双対実行可能である辞書 D（あるいは対応する基底 B）は**最適** (optimal) であるといわれる（図 4.2 参照）．

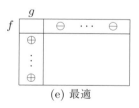

(e) 最適

図 4.2　最適辞書

命題 4.5　辞書形式の線形計画問題について，以下の主張が成り立つ．
(a) 辞書が不整合ならば，主問題は実行不可能で，双対問題は非有界方向をもつ．
(b) 辞書が双対不整合ならば，双対問題は実行不可能で，主問題は非有界方向をもつ．

証明　対象の辞書 D の基底を B，非基底を N とする．

(a) 辞書 D が不整合とする．不整合が発生した行 r に対応する等式

$$x_r = d_{rg}x_g + \sum_{j \in N-g} d_{rj}x_j$$

を考える．この等式はすべての主実行可能解 x が満たさなければならない．
$d_{rg} < 0$ でかつすべての $j \in N-g$ に対し $d_{rj} \leq 0$ であるから，$x_g = 1$ とすべ
ての $j \in N-g$ に対し $x_j \geq 0$ より $x_r < 0$ となる．これは x の実行可能性に矛
盾する．

w を双対基底方向 $y(B,r)$ とする．このとき，w は $w_f = 1$ 以外のすべての双
対制約条件を満たし，$w_g > 0$ かつ $w_f = 0$ であるから，w は双対非有界方向で
ある．

(b) 対応する双対制約条件を考えれば，証明は (a) と同様である．　　　　□

4.3　ピボット演算

本章では，線形計画問題に対する 2 つのアルゴリズムを紹介する．どちらの
アルゴリズムも辞書形式の線形計画問題の辞書を更新することで等価な辞書形
式の線形計画問題に変換する．この更新に用いられる行列の基本演算はピボッ
ト演算とよばれている．

辞書形式の線形計画問題 (4.3) が与えられているとし，辞書に対応する等式

$$x_B = Dx_N \tag{4.9}$$

を考える．ここで，D は $B \times N$ 行列で，(B, N) は添字集合 E の分割である．
等式系 (4.9) の解集合全体を

$$V(D) := \{x \in \mathbb{R}^E : x_B = Dx_N\}$$

とする．$r \in B$ と $s \in N$ に対して，D の (r,s) 成分 d_{rs} が非ゼロとする．こ
のとき，等式系 (4.9) を，新たな基底が $B' = B - r + s$ で，新たな非基底が
$N' = N - s + r$ である等価な等式系に以下の操作で変換できる（ただし $B - r + s$
は $B \setminus \{r\} \cup \{s\}$ の略記である）：

- まず，(4.9) の r に対応する等式

$$x_r = \sum_{j \in N} d_{rj} x_j$$

を x_s について解き以下を得る：

$$x_s = \sum_{j \in N-s} -\frac{d_{rj}}{d_{rs}} x_j + \frac{1}{d_{rs}} x_r. \tag{4.10}$$

- (4.9) の他の等式に (4.10) を代入して，以下のように x_s を消去する：

$$
\begin{aligned}
x_i &= \sum_{j \in N} d_{ij} x_j \\
&= \sum_{j \in N-s} d_{ij} x_j + d_{is} x_s \\
&= \sum_{j \in N-s} d_{ij} x_j + d_{is} \left(\sum_{j \in N-s} -\frac{d_{rj}}{d_{rs}} x_j + \frac{1}{d_{rs}} x_r \right) \\
&= \sum_{j \in N-s} \left(d_{ij} - \frac{d_{is} \cdot d_{rj}}{d_{rs}} \right) x_j + \frac{d_{is}}{d_{rs}} x_r \qquad (i \in B-r).
\end{aligned}
$$

- まとめると，$B' \times N'$ 行列 $D' = [d'_{ij}]$ を

$$
d'_{ij} = \begin{cases}
\dfrac{1}{d_{rs}} & (i = s,\ j = r) \\[2mm]
-\dfrac{d_{rj}}{d_{rs}} & (i = s,\ j \neq r) \\[2mm]
\dfrac{d_{is}}{d_{rs}} & (i \neq s,\ j = r) \\[2mm]
d_{ij} - \dfrac{d_{is} \cdot d_{rj}}{d_{rs}} & (i \neq s,\ j \neq r)
\end{cases}
\qquad (i \in B',\ j \in N')
$$

と定めることで，元々の等式系 (4.9) と等価な新しい等式系

$$x_{B'} = D' x_{N'}$$

を得る.

行列 D' は D の (r, s) を中心とする**ピボット演算** (pivot operation) で得られるという．ピボット演算の図式的な記述については図 4.3 を参照されたい．
ピボット演算に関する最も重要な性質を述べよう．

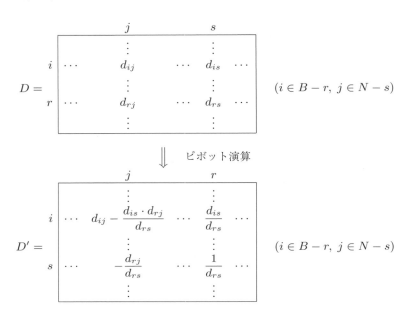

図 4.3　(r,s) を中心とするピボット演算

命題 4.6　　行列 D の (r,s) を中心とするピボット演算で得られる行列を D' とする．このとき，以下の主張が成り立つ．

(a)（可逆性）元の行列 D は，D' の (s,r) を中心とするピボット演算で得られる．

(b)（等価性）D と D' に対応する等式系は同じ解集合をもつ，すなわち，$V(D) = V(D')$ である．

(c)（双対等価性）D と D' に対応する双対等式系は同じ解集合をもつ，すなわち，$V(-D^{\top}) = V(-D'^{\top})$ である．

証明　(a) ピボット演算の定義より，計算で単純に示せる．

(b) D から D' の構成法より，D に対する等式系を満たすすべての解は新しい等式系を満たす，すなわち，$V(D) \subseteq V(D')$ である．逆の包含関係は (a) より同様に成立する．

(c) $U = -D^{\top}$ とする．$u_{sr} = -d_{rs} \neq 0$ であるから，U の (s,r) を中心とするピボット演算が可能で，得れらた行列を U' とする．$U' = -D'^{\top}$ であること

が簡単な計算で示せ，さらに (b) より $V(U) = V(U')$ となる． $\qquad\qquad\square$

最後に，ピボット演算は行列の積として解釈できることを説明する．等式系 (4.9)

$$x_B = D x_N$$

は

$$[I^{(B)}\ {-D}] \begin{bmatrix} x_B \\ x_N \end{bmatrix} = \mathbf{0} \qquad\qquad (4.11)$$

と書き換えられる．$A = [I^{(B)}\ {-D}]$（$B \times E$ 行列）と置くことで，この等式系は

$$A\, x = \mathbf{0}$$

と表せる．拡大行列 A は，辞書形式に対応した**タブロー** (tableau) として知られている．辞書形式はタブローでも辞書でも表現できることを注記しておく [1]．

ここで $a_{rs}\ (= -d_{rs}) \neq 0$ と仮定する．$B' = B - r + s$ かつ $N' = N + r - s$ と定めると，行列 $A_{.B'}$ は左逆行列をもつ（なぜか），すなわち，$T A_{.B'} = I^{(B')}$ を満たす $B' \times B$ 行列 T が一意に存在する．この行列を $A_{.B'}^{-1}$ と表記し，これを等式系 (4.11) の両辺に左から掛けると新しい等式系

$$A_{.B'}^{-1} A\, x = \mathbf{0}$$

を得る．ここで

$$A_{.B'}^{-1} A = [I^{(B')}\quad A_{.B'}^{-1} A_{.N'}]$$

であるから，D の (r, s) を中心としたピボット演算で得られる辞書 D' は

$$D' = -A_{.B'}^{-1} A_{.N'}$$

と書ける．

4.4 ピボットアルゴリズムと構成的証明

辞書が最適，不整合あるいは双対不整合であるとき，これを**最終** (terminal)

---

[1] 本書では，表記がコンパクトであることと双対性を綺麗に表現できるため，辞書を用いる．

とよぶことにする．本節では，任意の辞書から最終辞書へ変換する有限終了ピ
ボットアルゴリズムを紹介する．

　第 1 のピボットアルゴリズムは，（最小添字）**十文字法** ((least-index) criss-
cross method) とよばれるもので，最もシンプルなピボットアルゴリズムのひ
とつである．実際，このアルゴリズムの計算機への実装は簡単である．しかし，
大規模問題に対しては一般に極めて非効率的である．第 2 のピボットアルゴリ
ズムは，**単体法** (simplex method) とよばれるもので，極めて実用性があるがそ
の記述にはより多くの紙数と注意が必要となる．単体法は，多くの標準的なソ
フトウエアに実装され，大規模な実問題を解くために使われている．

　理論的な観点からは，線形計画問題に対する多項式時間ピボットアルゴリズ
ムは知られていない．これは，ここで紹介するアルゴリズムでは，入力長が L
である線形計画問題を解くためのピボット演算の回数が，最悪の場合において
L に関して指数的に増加することを意味する．現時点で知られている多項式時
間アルゴリズムは，楕円体法や内点法のように非線形最適化問題向けに開発さ
れた方法を採用している．

4.4.1　十文字法と強双対定理の証明

　十文字法は，極めて自然な 2 種類のピボット演算を用いる．$B \times N$ 辞書 D に
おいて $d_{rs} \neq 0$ であるとき，下記条件の一方が成り立つとき，(r, s) を中心とす
るピボット演算は**許容** (admissible) であるという（図 4.4 参照）：

　(I) $d_{rg} < 0$ かつ $d_{rs} > 0$；

　(II) $d_{fs} > 0$ かつ $d_{rs} < 0$.

第 1 のタイプ (I) では，$d_{rg} < 0$ より現在の辞書は実行不可能だが，ピボット演
算後には新しい成分 (d'_{sg}) は正となる．第 2 のタイプ (II) では，$d_{fs} > 0$ より
現在の辞書は双対実行不可能だが，ピボット演算後には対応する成分の符号が
負となる．さらには，辞書が最終でないならば必ず許容ピボット演算が可能で
ある．

　（最小添字）十文字法はアルゴリズム 4.1 のように記述され，任意の $B \times N$
辞書 D から始まり，最終辞書でない限り許容ピボット演算を繰り返す．ただし，
前もって指定された要素 f, g は $f \in B$，$g \in N$ であり，$E = B \cup N$ は変数全
体の添字集合とする．

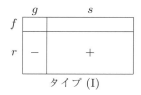
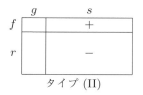

図 4.4　許容ピボット演算の前提条件

アルゴリズム 4.1　（最小添字）十文字法

procedure CrissCross($D,\ g,\ f$)；
begin
　$E \setminus \{f, g\}$ に全順序を与え，これを固定する；
　status:=”未定”；
　while status=”未定” **do**
　　$k := \min(\{i \in B - f : d_{ig} < 0\} \cup \{j \in N - g : d_{fj} > 0\})$；
　　if このような k が存在しない **then**
　　　status:=”最適”；
　　else
　　　if $k \in B$ **then**
　　　　$r := k$；　$s := \min\{j \in N - g : d_{rj} > 0\}$；
　　　　if このような s が存在しない **then**
　　　　　status=”不整合”；
　　　　endif
　　　else /* $k \in N$ */
　　　　$s := k$；　$r := \min\{i \in B - f : d_{is} < 0\}$；
　　　　if このような r が存在しない **then**
　　　　　status:=”双対不整合”；
　　　　endif；
　　　endif；
　　　if status = ”未定” **then**
　　　　$(r,\ s)$ を中心としたピボット演算を実行する；
　　　　D，B，N を新しい D'，B'，N' に置き換える；
　　　endif；
　　endif；
　endwhile；
　(status，D) を出力する；　/* D は最終辞書 */
end.

定理 4.7　（有限性）　十文字法は，有限回のピボット演算で終了する.

この定理を証明する前に，まず定理から得られる結論について述べる.

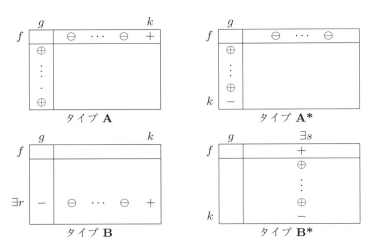

図 4.5　4 タイプの準最終辞書

> **系 4.8（辞書形式の強双対定理）** 任意の辞書形式の線形計画問題は，有限回のピボット演算で最適辞書，不整合辞書あるいは双対不整合辞書に変換できる．

　この系は強双対定理（定理 4.3）を導く．まず，主問題も双対問題も実行可能なとき，系 4.8 において最終辞書は最適辞書でなければならない．命題 4.4 より，線形計画問題が最適辞書をもつとき，主問題も双対問題も最適値の和が 0 となる最適解をそれぞれもつ．もし，線形計画問題が実行不可能とすると，系 4.8 において最終辞書は不整合か双対不整合である．命題 4.5 より双対問題は実行不可能あるいは非有界である．

　直接的にせよそうでないにせよ，最小添字十文字法の有限性のほとんどの証明は，準最終辞書に関する基本的な命題に依存している．まず，この命題と証明を与える．

　辞書が最終辞書ではなくかつ添字 $k \in E \setminus \{f, g\}$ の行あるいは列を除くと最終辞書になるとき，これを **（添字 k に関する）準最終** (almost terminal (with respect to a constraint index k)) であるという．準最終辞書には，構造的に異なる 4 つのタイプが存在する（図 4.5 参照）．

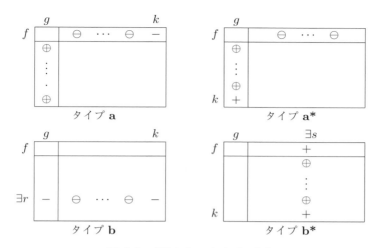

図 4.6 変換した 4 タイプの辞書

補題 4.9 辞書形式の線形計画問題と固定した添字 $k \in E \setminus \{f, g\}$ を考える. この線形計画問題は,（ピボット演算を何度か施すとしても）4 つの k に関する準最終辞書 **A**, **B**, **A***, **B***の高々 1 つしか許さない.

証明 最初に, 与えられた問題 LP に対し, x_k に $-x_k$ を代入して得られる問題 LP′ を考える. この代入による辞書の影響は k に関する行あるいは列の符号の反転であるので, LP に対する 4 種類の準最終辞書 **A**, **B**, **A***, **B***は, 図 4.6 のように LP′ に対して **a**, **b**, **a***, **b***と変換される.

以下では, LP′ に対して **a**, **b**, **a***, **b***の異なる 2 つが共存しないことを示す. これは補題の主張を導く. 可能な 6 種類の組合せを考えるが, (**a a***) はタイプ **a** とタイプ **a***が共存する場合を表す.

まず, タイプ **a** とタイプ **a***はともに最適辞書であるので, 主問題も双対問題も実行可能である. 一方, タイプ **b** は不整合辞書なので主実行不可能性を意味し, タイプ **b***は双対不整合辞書なので双対実行不可能性を意味する. すなわち, (**a a***) と (**b b***) 以外は不可能である.

(**b b***) の場合を考え, D と D' をそれぞれタイプ **b** と **b***の辞書とする. 基底方向 $z = x(B', s)$ と双対基底方向 $w = y(B, r)$ の組をみる. 定義から, $z_k > 0$ かつ $w_k > 0$ であり, 他の成分はどちらのベクトルも非負である. $z^\top w > 0$ が

成立するが，これは部分空間 $V(D)$ と $V(-D^\top) = V(-(D')^\top)$ の直交性 (4.8) に矛盾する．

　最後の場合 (**a a***) が不可能であることを示すために，タイプ **a** の辞書 D とタイプ **a*** の辞書 D' が存在したと仮定する．x と x' をそれぞれ B と B' に関する基底解とする．既に述べたように

　(∗) x と x' はともに LP' の最適解である．

D の f 行に対応する等式を考える．$d_{fk} < 0$ かつすべての $j \in N - k$ に対し $d_{fj} \le 0$ であるから，LP' の k 成分が正であるすべての実行可能解の目的関数値は最適値 d_{fg} 未満である．この事実は，LP' には k 成分が正である最適解が存在しないことを意味するが，$x'_k > 0$ であり，(∗) に矛盾する．　　　　□

　次に，十文字法の有限性，定理 4.7 の証明を与える．

定理 4.7 の証明　基底の個数は有限であるから，十文字法の実行中に各基底は高々 1 度しか現れないことを示せば十分である．背理法で示す．仮にある基底が 2 度現れたとする．このとき十文字法が巡回を生成する，すなわち，この基底からスタートし，何回かのピボット演算後に再びこの基底に戻る．一般性を失うことなく，この巡回例が変数の個数が最小のものと仮定し，$E = \{1, \ldots, k\} \cup \{f, g\}$ とする．個数の最小性から（もし巡回中に基底あるいは非基底に留まり続ける変数が存在したらこれを除くことで巡回例の変数の個数を減らせるから），$E \setminus \{f, g\}$ の各要素，特に k は，巡回中に基底を出入りする．

　添字 k が非基底から基底に入る状況には 2 種類ある．第 1 の場合 **A** は現在の辞書が k に関する準最適辞書となるときで，第 2 の場合 **B** はある基底変数 r に関して主実行不可能で，d_{rk} が r 行において唯一の許容ピボット演算を定めるときである．同様に，k が基底から非基底に出る状況にも 2 種類ある．第 1 の場合 **A*** は現在の辞書が k に関する準最適辞書となるときで，第 2 の場合 **B*** はある非基底変数 s に関して双対実行不可能で，d_{ks} が s 列において唯一の許容ピボット演算を定めるときである．すなわち，4 つの可能性 (**A A***)，(**A B***)，(**B A***)，(**B B***) のうち少なくとも 1 つは起こらなければならない．一方，**A**，**B**，**A***，**B*** は図 4.5 の 4 種類の準最終辞書 **A**，**B**，**A***，**B*** と一致する．補題 4.9 より，(**A A***)，(**A B***)，(**B A***)，(**B B***) は起こらず，矛盾

する. □

4.4.2 実行可能性と Farkas の補題

本項では, 次の実行可能性定理を証明する. この定理は, 前節の強双対定理の証明からほぼ自明である.

> **定理 4.10 (辞書形式の実行可能性定理)** 任意の辞書形式の線形計画問題の辞書から有限回のピボット演算で実行可能辞書あるいは不整合辞書に変換できる.

証明 証明は修正した線形計画問題に対する十文字法を利用する. 与えられた線形計画問題に対して, 初期辞書を D とする. D の目的行 D_f をゼロベクトル $\mathbf{0}^\top$ に置き換える. 十文字法をこの変換した問題に適用することで, 系 4.8 より, 最終辞書 D' を得る. 変換した問題は双対実行可能であるから, 辞書 D' は双対不整合にはならない. すなわち, D' は最適辞書か不整合辞書でなければならない. 明らかに同じピボット演算列を元の線形計画問題にも適用でき, 同じ基底を得る. この基底に対する元の問題の辞書は, 実行可能か不整合である. □

> **系 4.11 (対称形式の実行可能性定理)** 添字集合が $B \cap N = \emptyset$ を満たす任意の行列 $D \in \mathbb{R}^{B \times N}$ と $g \in N$ に対して, 以下の主張の一方のみが常に成り立つ.
> (a) $\exists x \in \mathbb{R}^{B \cup N} : x \geq \mathbf{0},\ x_g > 0,\ x_B = Dx_N$.
> (b) $\exists y \in \mathbb{R}^{B \cup N} : y \geq \mathbf{0},\ y_g > 0,\ y_N = -D^\top y_B$.

証明 辞書 $\overline{D} = \begin{bmatrix} \mathbf{0}^\top \\ D \end{bmatrix}$ をもつ線形計画問題を考える. ただし, 最初の行を目的行 f とする. 定理 4.10 より, 実行可能辞書あるいは不整合辞書が存在する. 最初の場合, 実行可能解が存在しそれは (a) を満たす. そうでない場合は, 命題 4.5(a) より, 双対非有界方向 y が存在し, $y_N = -\overline{D}^\top y_{B+f}$, $y_f = 0$, $y \geq \mathbf{0}$, $y_g > 0$ を満たす. この y の f 成分を除いたものは (b) を満たす. さらに, (a)

と (b) が同時に成立しないのは，$x^\top y$ を計算すればわかる．　　　　　□

系 4.12（Farkas の補題 I）　任意の行列 $A \in \mathbb{R}^{B \times N}$ とベクトル $b \in \mathbb{R}^B$ に対して，以下の主張の一方のみが常に成り立つ．
  (a) $\exists x \in \mathbb{R}^N : Ax \le b,\ x \ge \mathbf{0}$.
  (b) $\exists \lambda \in \mathbb{R}^B :\ A^\top \lambda \ge \mathbf{0},\ \lambda \ge \mathbf{0},\ b^\top \lambda < 0$.

証明　拡張した行列 $D = [b\ -A]$ に対する系 4.11 より主張が導ける．　　□

系 4.13（Farkas の補題 II）　任意の行列 $A \in \mathbb{R}^{B \times N}$ とベクトル $b \in \mathbb{R}^B$ に対して，以下の主張の一方のみが常に成り立つ．
  (a) $\exists x \in \mathbb{R}^N : Ax = b,\ x \ge \mathbf{0}$.
  (b) $\exists \lambda \in \mathbb{R}^B : A^\top \lambda \ge \mathbf{0},\ b^\top \lambda < 0$.

証明　演習問題とする．　　　　　　　　　　　　　　　　　　□

4.4.3　単体法

十文字法が任意の辞書から開始できるのと違って，単体法は実行可能な初期辞書を必要とする．このため単体法は**2 段階法** (two phase method) に分類される．**第 1 段階** (Phase I) は実行可能基底を求める手続きで，**第 2 段階** (Phase II) は実行可能基底から最終基底を求める手続きである．

第 1 段階は，実行可能解を求めるために人工的に構成した問題に対して第 2 段階を応用するため，まず第 2 段階を紹介する．

第 2 段階

単体法は 1 種類のピボット演算を用いる．D を $B \times N$ 実行可能辞書とする，すなわち，すべての $i \in B - f$ に対し $d_{ig} \ge 0$ が成り立つとする．以降では，等式系 $x_B = D x_N$ において $x_g = 1$ に固定した等式系

$$x_f = d_{fg} + \sum_{j \in N-g} d_{fj} x_j \tag{4.12}$$

$$x_i = d_{ig} + \sum_{j \in N-g} d_{ij}x_j \qquad (i \in B-f) \qquad (4.13)$$

を考える．もし基底が最適ならば終了で，現在の基底解 $\bar{x}$ が最適解となる．それ以外の場合には，ある非基底添字 $s \in N-g$ が存在し，$d_{fs} > 0$ である．現在の基底解は $N-g$ に対応するすべての非基底変数を 0 に固定した解である．x_s を正の値 ϵ とし，その他の非基底変数は変更しない状況を考えると，基底変数は等式系 (4.12) と (4.13) により一意的に定まり，

$$x(\epsilon)_f = d_{fg} + d_{fs}\epsilon$$
$$x(\epsilon)_i = d_{ig} + d_{is}\epsilon \qquad (i \in B-f)$$

となる．この新しい解の目的関数値 $x(\epsilon)_f$ は $d_{fs} \cdot \epsilon$ だけ増加する．すなわち，新しい解 $x(\epsilon)$ が実行可能である限り，これはより良い実行可能解となる．また実行可能性は，すべての $i \in B-f$ に対し $x(\epsilon)_i \geq 0$ である限り保証される．単体法は，いくつかの基底変数を 0 とし，このうちの 1 つが基底から除けるような最大の ϵ を採用する．

ピボット演算の中心 (r,s) が

(a) $d_{rs} < 0$；

(b) $-d_{rg}/d_{rs} = \min\{-d_{ig}/d_{is} : i \in B-f, d_{is} < 0\}$

を満たすとき，**単体ピボット** (simplex pivot) という．単体ピボットを中心としたピボット演算を単体ピボット演算とよぶ．簡単な計算により，単体ピボット演算は実行可能性を保存することが確められる．辞書が実行可能でかつ最終でないとき，必ず単体ピボットが存在する．ここで，単体法の厳密な記述をアルゴリズム 4.2 に与える．初期辞書は実行可能でなければならないことを注記しておく．

単体ピボット演算が，実行可能解を変更しない場合があることを注記しておく．これは，$d_{rg} = 0$ となるときのみに起こる現象である．一般に，辞書あるいは対応する基底を，ある $r \in B-f$ に対し $d_{rg} = 0$ であるとき，**退化** (degenerate) しているという．実際に，この退化のために単体法は終了しない場合がある．単体法が，単体ピボット演算の（無限の）巡回列を生成する場合については 4.5.1 項で示す．

単体法を有限回のピボット演算列で終了させるための方法がいくつかある．

アルゴリズム 4.2 単体法

```
procedure SimplexPhaseII(D, g, f);
begin
    status:="未定";
    while status="未定" do
        S = {j ∈ N − g : d_{fj} > 0} とする;
        if S = ∅ then
            status:="最適";
        else
(L1)    s ∈ S を選択する;
        R := {i ∈ B − f : d_{is} < 0} とする;
        if R = ∅ then
            status:="非有界";
        else
            R' := {i ∈ R : −d_{ig}/d_{is} = min{−d_{kg}/d_{ks} : k ∈ R}};
(L2)        ある r ∈ R' に対し
                (r, s) を中心とした単体ピボット演算を実行;
                D, B, N を新しい D', B', N' に置き換える;
        endif;
    endif;
    endwhile;
    (status, D) を出力する;  /* D は最終辞書 */
end.
```

典型的な方法は辞書式規則と Bland の規則である．どちらの規則もアルゴリズム中の (L1) と (L2) において巡回を避けるために加えられた単体ピボットの選択規則である．Bland の規則は最も簡単なものなので，ここではこれを紹介する．

Bland の規則のアイデアは，添字集合上に全順序を与え，タイブレークのために最小添字を選択するもので，最小添字十文字法におけるピボット選択に似ている．

定義 4.14 （Bland の規則，最小添字規則）

(a) $E \setminus \{f, g\}$ 上の全順序を固定する;

(b) (L1) において，S から最小添字のものを選択する;

(c) (L2) において，R' から最小添字のものを選択する.

定理 4.15　Bland の規則を用いた単体法の第 2 段階は有限終了する.

証明　基底の個数が有限であるから，それぞれの基底がアルゴリズム実施中に高々 1 度しか現れないことを示せば十分である．背理法を用いて示す．仮にある基底が 2 度現れたとする．このときアルゴリズムが巡回を生成する，すなわち，この基底からスタートし，何回かのピボット演算後に再びこの基底に戻る．一般性を失うことなく，この巡回例が変数の個数が最小のものと仮定し，$E = \{1, \ldots, k\} \cup \{f, g\}$ とする．変数の個数の最小性から，各要素 $i \in E \setminus \{f, g\}$ は巡回中に基底を出入りする．巡回中の辞書において，(r, s) を中心としたピボットが選択されたとき，r 行 g 列の成分は 0 でなければならない，そうでないと目的関数が増加し巡回を起こさない．各要素 $i \in E \setminus \{f, g\}$ は巡回中に基底を出入りするため，巡回中の辞書において g 列の (g, f) 成分以外は 0 でなければならない．

最大添字 k が非基底から基底に入る状況の辞書を D とすると，この辞書は f 行において d_{fk} のみが正であることを除けばほぼ最適である．この状況は，図 4.5 のタイプ **A** である．一方，k が基底から出て非基底に入る状況の辞書を D' とすると，k が最大添字であることと g 列は f 行以外は 0 であることより，ある s 列において d'_{ks} のみが負であることを除けばほぼ双対不整合である．この状況は，図 4.5 のタイプ **B*** である．補題 4.9 よりこれらの辞書は共存せず，矛盾が起こる．すなわち，巡回は起こらない．　　　　□

巡回が起こった例に対する Bland の規則を用いた単体法の適用については 4.5.5 項で示す．

第 1 段階

次に単体法の第 1 段階を説明する．与えられた線形計画問題 (4.3) が実行不可能であるとき，元の問題に人工変数 x_a を加え，人工目的関数を $x_{f'}$ と定めた次の人工問題を作る：

$$
\begin{aligned}
\text{最大化} \quad & x_{f'} \\
\text{制約} \quad & x_{f'} = \quad\quad\quad - \quad x_a \\
& x_{B-f} = D_{B-f} x_N + \mathbf{1}^{(B-f)} x_a \\
& x_g = 1 \\
& x_j \geq 0 \quad (j \in E \cup \{a\} \setminus \{f, g\}) .
\end{aligned} \tag{4.14}
$$

ただし $\mathbf{1}^{(B-f)}$ は，添字集合 $B-f$ 上のすべての要素が 1 であるベクトルとする．この人工目的関数は $-x_a$ であり，この最大化は x_a を 0 にすることを目指している．元の線形計画問題が実行可能であるための必要十分条件は，人工問題の最適値が 0 であることが簡単に示せる．人工問題の初期基底解は実行可能ではないが，1 回のピボット演算で主実行可能辞書を得られる．より正確には，

$$r \in B - f \quad \text{かつ} \quad d_{rg} = \min\{d_{ig} : i \in B - f\}$$

を満たす r を選択し，(r, a) を中心としたピボット演算をすればよい．

　単体法の第 1 段階は，本質的には人工問題 (4.14) に第 2 段階を適用したものである．元々の目的関数も人工辞書に加えておき，第 1 段階の実行中もピボット演算で更新する．人工問題の目的関数値は 0 で上から抑えられているので，第 1 段階は必ず最適辞書で終了し，これを $\hat{D}$ とする．もし最適値が負であるならば，元の問題は実行不可能である．それ以外の場合は，最適解は元の問題の実行可能解を導く（$x_a, x_{f'}$ を無視すればよい）．さらに，実行可能基底を簡単に構成できる．2 つの状況があり，第 1 の状況は人工変数の添字 a が最適辞書 $\hat{D}$ において非基底に存在するときで，a 列と f' 行を $\hat{D}$ から除くことで，元の問題の実行可能辞書が得られる．第 2 の状況は，人工変数の添字 a が $\hat{D}$ において基底に存在するときである．このとき，$\hat{D}$ において目的関数値 $(= -x_a)$ は 0 であるから，$\hat{d}_{ag} = 0$ でなければならない．ここで $\hat{d}_{as} \neq 0$ である任意の $s \in \hat{N} - g$ に対して，(a, s) を中心としたピボット演算を実行する．まずこのようなピボット演算は可能で，そうでないならば x_a は人工問題の等式系において常に 0 であり，これは起こり得ない．また $\hat{d}_{ag} = 0$ であるから，このピボット演算は辞書の実行可能性を保存し，第 2 の状況を第 1 の状況へと変換する．ちなみに，人工問題を解く際に Bland の規則を適用しているならば，人工変数の添字 a を添字集合の全順序で最小としておけば，最適値が 0 のときに第 2 の状況は回避できる．

4.5　ピボット演算の実行例

4.5.1　単体法における巡回の例

　次の線形計画問題

$$最大化 \quad x_f = 0 + x_1 - 2x_2 + x_3$$
$$制約 \quad x_4 = 0 - 2x_1 + x_2 - x_3$$
$$x_5 = 0 - 3x_1 - x_2 - x_3 \qquad (4.15)$$
$$x_6 = 0 + 5x_1 - 3x_2 + 2x_3$$
$$x_1,\, x_2,\, x_3,\, x_4,\, x_5,\, x_6 \geq 0$$

を考える[2]. 以下のようにボールドの成分を中心としたピボット演算を繰り返すと巡回が発生する.

	g	1	2	3
f	0	1	−2	1
4	0	−2	1	−1
5	0	**−3**	−1	−1
6	0	5	−3	2

$\Longleftarrow$

	g	1	6	3
f	0	−7/3	2/3	−1/3
4	0	−1/3	−1/3	−1/3
5	0	−14/3	1/3	−5/3
2	0	5/3	**−1/3**	2/3

$\Downarrow$ $\Uparrow$

	g	5	2	3
f	0	−1/3	−7/3	2/3
4	0	2/3	5/3	**−1/3**
1	0	−1/3	−1/3	−1/3
6	0	−5/3	−14/3	1/3

	g	1	6	4
f	0	−2	1	1
3	0	−1	−1	**−3**
5	0	−3	2	5
2	0	1	−1	−2

$\Downarrow$ $\Uparrow$

	g	5	2	4
f	0	1	1	−2
3	0	2	5	−3
1	0	−1	−2	1
6	0	−1	**−3**	−1

$\Longrightarrow$

	g	5	6	4
f	0	2/3	−1/3	−7/3
3	0	1/3	−5/3	−14/3
1	0	**−1/3**	2/3	5/3
2	0	−1/3	−1/3	−1/3

---

[2] この巡回の例はどのように作ったのだろうか. 偶然の産物か. いやそうではない. 主問題の空間における双対単体法の幾何的解釈を考えるのが鍵となる.

4.5.2　単体法（第 2 段階）のシャトーマキシム生産問題への適用例

シャトーマキシム生産問題を再掲する.

$$
\begin{aligned}
\text{最大化} \quad & x_f = 0 + 3x_1 + 4x_2 + 2x_3 \\
\text{制　約} \quad & x_4 = 4 - 2x_1 \\
& x_5 = 8 - x_1 - 2x_3 \\
& x_6 = 6 - 3x_2 - x_3 \\
& x_1,\, x_2,\, x_3,\, x_4,\, x_5,\, x_6 \geq 0 \ . \tag{4.16}
\end{aligned}
$$

以下は，単体法（第 2 段階）の適用例である.

	g	1	2	3
f	0	3	4	2
4	4	−2	0	0
5	8	−1	0	**−2**
6	6	0	−3	−1

$\Longrightarrow$

	g	1	2	5
f	8	2	4	−1
4	4	−2	0	0
3	4	−1/2	0	−1/2
6	2	1/2	**−3**	1/2

$\Longrightarrow$

	g	1	6	5
f	32/3	8/3	−4/3	−1/3
4	4	**−2**	0	0
3	4	−1/2	0	−1/2
2	2/3	1/6	−1/3	1/6

$\Longrightarrow$

	g	4	6	5
f	16	−4/3	−4/3	−1/3
1	2	−1/2	0	0
3	3	1/4	0	−1/2
2	1	−1/12	−1/3	1/6

4.5.3　十文字法のシャトーマキシム生産問題への適用例

シャトーマキシム生産問題 (4.16) への十文字法の適用を以下に示す. 添字集合の全順序は整数の大小と一致している.

	g	1	2	3
f	0	3	4	2
4	4	$-\mathbf{2}$	0	0
5	8	-1	0	-2
6	6	0	-3	-1

$\Longrightarrow$

	g	4	2	3
f	6	$-3/2$	4	2
1	2	$-1/2$	0	0
5	6	$1/2$	0	-2
6	6	0	$-\mathbf{3}$	-1

$\Longrightarrow$

	g	4	6	3
f	14	$-3/2$	$-4/3$	$2/3$
1	2	$-1/2$	0	0
5	6	$1/2$	0	-2
2	2	0	$-1/3$	$-\mathbf{1/3}$

$\Longrightarrow$

	g	4	6	2
f	18	$-3/2$	-2	-2
1	2	$-1/2$	0	0
5	-6	$1/2$	2	$\mathbf{6}$
3	6	0	-1	-3

$\Longrightarrow$

	g	4	6	5
f	16	$-4/3$	$-4/3$	$-1/3$
1	2	$-1/2$	0	0
2	1	$-1/12$	$-1/3$	$1/6$
3	3	$1/4$	0	$-1/2$

4.5.4 十文字法の巡回例への適用例

単体法が巡回を起こした線形計画問題 (4.15) に十文字法を適用してみる.

	g	1	2	3
f	0	1	-2	1
4	0	$-\mathbf{2}$	1	-1
5	0	-3	-1	-1
6	0	5	-3	2

$\Longrightarrow$

	g	4	2	3
f	0	$-1/2$	$-3/2$	$1/2$
1	0	$-1/2$	$1/2$	$-\mathbf{1/2}$
5	0	$3/2$	$-5/2$	$1/2$
6	0	$-5/2$	$-1/2$	$-1/2$

$\Longrightarrow$

	g	4	2	1
f	0	-1	-1	-1
3	0	-1	1	-2
5	0	1	-2	-1
6	0	-2	-1	1

初期辞書の g 列がすべて 0 であるため, 次節の Bland の規則を用いた単体法を

同じ動きとなる.

4.5.5　Bland の規則を用いた単体法の巡回例への適用例

単体法が巡回を起こした線形計画問題 (4.15) に Bland の規則を適用してみる.

	g	1	2	3
f	0	1	-2	1
4	0	$-\mathbf{2}$	1	-1
5	0	-3	-1	-1
6	0	5	-3	2

$\Longrightarrow$

	g	4	2	3
f	0	$-1/2$	$-3/2$	$1/2$
1	0	$-1/2$	$1/2$	$-\mathbf{1/2}$
5	0	$3/2$	$-5/2$	$1/2$
6	0	$-5/2$	$-1/2$	$-1/2$

$\Longrightarrow$

	g	4	2	1
f	0	-1	-1	-1
3	0	-1	1	-2
5	0	1	-2	-1
6	0	-2	-1	1

4.6　ピボットアルゴリズムの図解

単体法（第 2 段階）と十文字法の動きを図解する.

4.6.1 単体法（第2段階）

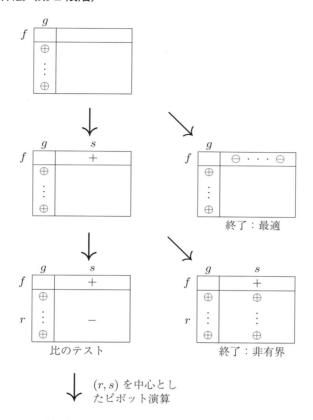

比のテスト

終了：最適

終了：非有界

(r, s) を中心とし
たピボット演算

新実行可能辞書

4.6.2　十文字法

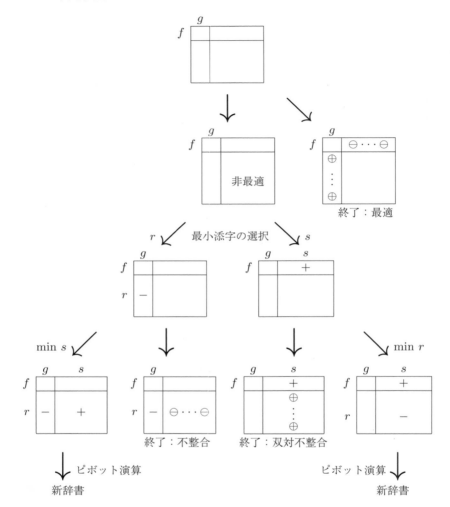

4.7　演習問題

▶ **演習問題 4.1　ピボット演算と辞書**

(a) $V(-D^\top) = (V(D))^\perp$ を証明しなさい．ただし，$(V(D))^\perp = \{y : x^\top y = 0 \ (\forall x \in V(D))\}$ である．

(b) ピボット演算が可逆であること，すなわち，辞書 D で (r, s) を中心としたピボット演算が可能なときにもう一度 (s, r) を中心としたピボット演

算を行うと D に戻ることを証明しなさい.

▶ **演習問題 4.2　十文字法と辞書**　与えられた線形計画問題

$$
\begin{array}{llr}
(\text{LP}) & \text{最大化} & x_2 \\
& \text{制　約} & -4x_1 - x_2 \le -8 \\
& & -x_1 + x_2 \le 3 \\
& & -x_2 \le -2 \\
& & x_1 \ge 0 \\
& & x_2 \ge 0
\end{array}
$$

に，次の3つの制約式をそれぞれ第3制約式の次に加えた問題を十文字法で解きなさい.

(a) $2x_1 + x_2 \le 12$ (b) $-x_1 + x_2 \ge -3$ (c) $2x_1 + x_2 \le 4$

▶ **演習問題 4.3　Fourier-Motzkin の消去法 (Fourier-Motzkin Elimination)**
Fourier-Motzkin の消去法の目的は，1つの変数，例えば x_n を制約式

$$Ax \le b \qquad A \in \mathbb{R}^{m \times n},\ b \in \mathbb{R}^m$$

から取り除くことである．次のような添字集合を導入する：

$$
\begin{aligned}
I^+ &= \{i \mid a_{i,n} > 0\}, \\
I^- &= \{i \mid a_{i,n} < 0\}, \\
I^0 &= \{i \mid a_{i,n} = 0\}.
\end{aligned}
$$

各 $i \in I^+$ と $j \in I^-$ に対して，x_n を消去するような線形結合

$$-a_{j,n} A_i\, x + a_{i,n} A_j\, x \le -a_{j,n} b_i + a_{i,n} b_j \qquad \forall (i,j) \in I^+ \times I^-$$

を考える．ただし，$A_k := (a_{k,1},\ a_{k,2}, \ldots, a_{k,n})$ とする．上記の操作で得られた不等式と I^0 に対応する不等式からなる不等式系を

$$A'x \le b' \qquad A' \in \mathbb{R}^{m' \times n},\ b' \in \mathbb{R}^{m'}$$

とする．ただし，$m' = |I^+| \times |I^-| + |I^0|$ であり，

$$a'_{i,n} = 0 \qquad (i = 1, \ldots, m')$$

である．このとき，$Ax \leq b$ は次の不等式系と等価となる：

$$A'x \leq b',$$

$$\max_{j \in I^-} \frac{1}{a_{j,n}} \left(b_j - \sum_{k=1}^{n-1} a_{j,k} x_k \right) \leq x_n \leq \min_{i \in I^+} \frac{1}{a_{i,n}} \left(b_i - \sum_{k=1}^{n-1} a_{i,k} x_k \right).$$

さらに

$$\{Ax \leq b\} \text{ が解をもつ} \iff \{A'x \leq b'\} \text{ が解をもつ}$$

が成り立つ．

(a) 行列 A から行列 A' が線形写像で得られる，すなわち，ある行列 $T \in \mathbb{R}^{m' \times m}$ を用いて $A' = TA$ とできる．x_1 を消去する際の T を求めなさい．さらに T の各要素が非負であることを示しなさい．

(b) Fourier-Motzkin の消去法を用いて，Farkas の補題（定理 2.6）を証明しなさい．

▶ **演習問題 4.4　単体法（第 1 段階と第 2 段階）**　　次の基準形の線形計画問題を考える．

$$
\begin{aligned}
\text{最大化} \quad & 2x_1 + 4x_2 \\
\text{制　約} \quad & -x_1 - 3x_2 \leq -9 \\
& -4x_1 - 2x_2 \leq -16 \\
& x_1 + 2x_2 \leq 20 \\
& x_i \geq 0 \quad (i = 1, 2)
\end{aligned}
$$

(a) この線形計画問題に対応する辞書を書なさい．また主実行可能辞書となるか．

(b) 単体法の第 1 段階を用いて主実行可能辞書を求めなさい．

(c) (b) で求めた主実行可能辞書に対して第 2 段階を適用し元の問題の最適解を求めなさい．

第 5 章

線形計画問題：発展

5.1 ピボット演算の実装

　本節では，行列演算を用いたピボット演算の解釈を議論する．この解釈は，4.3 節で与えたものとは多少異なり，5.2 節で議論する感度分析に向いた実装を導く．実装の実現にはいくつかの異なる手法があるが，実装の詳細については本書が扱う範囲を超えている．

　ここでは，線形計画問題は**標準形** (standard form)：

$$
\begin{aligned}
\text{最大化} \quad & c^\top x \\
\text{制　約} \quad & Ax = b \\
& x \geq \mathbf{0}
\end{aligned}
\tag{5.1}
$$

で与えられているとする．ここで，A は与えられた $m \times E$ 行列で $b \in \mathbb{R}^m$，$c \in \mathbb{R}^E$ である．行の添字は重要ではないため，行添字は $\{1, 2, \ldots, m\}$ とする．基準形の線形計画問題との違いは，不等式系 $Ax \leq b$ の代わりに等式系 $Ax = b$ が制約となっている点である．任意の基準形の線形計画問題は簡単に等価な標準形の線形計画問題に帰着できる．

　(5.1) の行列 A は，行フルランクであり，A の**基底** (basis)，すなわち，部分集合 $B \subseteq E$ で $|B| = m$ かつ小行列 $A_{.B}$ のランクが m となるものが与えられていると仮定する．さらに添字集合 B のことも小行列 $A_{.B}$ のことも A の基底とよぶ．また，$A_{.B}$ の**左逆行列** (left inverse)，すなわち，$T A_{.B} = I^{(B)}$ を満たす一意的に定まる $B \times m$ 行列 T を $A_{.B}^{-1}$ と表記する．

　（左）逆行列 $A_{.B}^{-1}$ を用いることで，標準形の線形計画問題を辞書形式に簡単に書き換えられる．まず，E を基底 B と $N = E \setminus B$ に分割し，$Ax = b$ を次のように

$$A_{.B}^{-1}(A_{.B}x_B + A_{.N}x_N) = A_{.B}^{-1}b$$

と書き換えると，x_B について

$$x_B = A_{.B}^{-1}b - A_{.B}^{-1}A_{.N}x_N$$

と解ける．ここで x_B を目的関数に代入し

$$
\begin{aligned}
c^\top x &= c_B^\top x_B + c_N^\top x_N \\
&= c_B^\top \left(A_{.B}^{-1}b - A_{.B}^{-1}A_{.N}x_N\right) + c_N^\top x_N \\
&= c_B^\top A_{.B}^{-1}b + \left(c_N^\top - c_B^\top A_{.B}^{-1}A_{.N}\right)x_N
\end{aligned}
$$

を得る．新しい列添字 f と g を導入し，$\overline{B} = B + f$, $\overline{N} = N + g$, $\overline{E} = \overline{B} \cup \overline{N}$ と定め，$\overline{B} \times \overline{N}$ 行列 D を

$$
D = \begin{bmatrix}
c_B^\top A_{.B}^{-1}b & c_N^\top - c_B^\top A_{.B}^{-1}A_{.N} \\
\\
A_{.B}^{-1}b & -A_{.B}^{-1}A_{.N}
\end{bmatrix}
\tag{5.2}
$$

と定義する．ここで，D の第 1 行は f で添字付けされ，第 1 列は g で添字付けされる．元々の標準形の線形計画問題を，等価な辞書形式の線形計画問題

$$
\begin{aligned}
&\text{最大化} &&x_f \\
&\text{制　約} &&x_{\overline{B}} = Dx_{\overline{N}} \\
& &&x_g = 1 \\
& &&x_j \geq 0 \quad (j \in \overline{E} \setminus \{f, g\})
\end{aligned}
\tag{5.3}
$$

に書き換えられた．以上より，入力行列 A の基底 B に対応した辞書を，元々の行列データ A, b, c と基底の逆行列 $A_{.B}^{-1}$ を用いて表現できる．言い換えると，辞書は入力データと現在の基底の逆行列 $A_{.B}^{-1}$ さえあれば計算できる．

　上記の議論は，基底の逆行列に基づくピボット演算の実装を導く．この技法を**改訂ピボット演算** (revised pivot scheme) とよぶことにしよう．

(R1) 初期基底 B の逆行列 $A_{.B}^{-1}$ を計算する．

(R2) 中心 (r, s) を選択するために，(5.2) を用いて辞書 D の必要な部分だけを計算する．

(R3) 選択した (r, s) に対して, B を $B - r + s$ と更新し, 新しい逆行列 A_B^{-1} を古い逆行列から計算する.

手続き (R3) は数学的には単純な行列演算であるが, その実装の実現はそれ自身が行列計算の重要な課題である. この実現とは, 記憶領域的／時間的効率性, 精度, 頑健性などの異なる観点を考慮することを意味している. この点については触れない.

改訂ピボット演算を用いた単体法は, **改訂単体法** (revised simplex method) として知られている. (すべてではないが) 多くの商用ソフトウエアは, 改訂単体法の変種を利用している. これには, いくつかの理由がある.

- 現実の線形計画問題は, 大規模であり入力行列は疎である (0 である成分が多い). 辞書は, ピボット演算を実行すると急激に密 (0 である成分が少ない) となる傾向にある. 基底の逆行列はしばしば入力行列よりも小さく, 多くの記憶領域を節約できる.
- 基底の逆行列を表現し更新するための LU 分解などの技法があり, 計算精度を制御できる.
- ピボットの中心の選択においては, 通常は辞書の成分のほんの一部しか必要としない. そのため, 辞書すべてを更新するのは時間の無駄である.
- 浮動小数点演算は誤差の増大を招く. 元々の入力データを保存でき, 基底の逆行列あるいはその代替物を信頼できる方法で時々再計算することは, 誤差削減のために極めて重要である.

5.2 感度分析の計算法

本節では標準形の線形計画問題

$$\begin{aligned} \text{最大化} \quad & c^\top x \\ \text{制 約} \quad & Ax = b \\ & x \geq \mathbf{0} \end{aligned}$$

を考える. なぜならば, 感度分析において必要な計算は, 前節の標準形を基にした改訂ピボット演算に自然に従う.

5.1 節で議論したように, 辞書は A の基底 B に対応した逆行列 A_B^{-1} と入力

行列データから，

$$
D = \begin{bmatrix} c_B^\top A_{.B}^{-1} b & c_N^\top - c_B^\top A_{.B}^{-1} A_{.N} \\ \\ A_{.B}^{-1} b & -A_{.B}^{-1} A_{.N} \end{bmatrix}
$$

のように計算できる．

　感度分析は，与えられた主最適解あるいは双対最適解の安定性を評価することである．この問いは，計算の簡易さから与えられた最適基底の安定性を問う問題にたいていは緩められる．また最適基底の安定性は，対応する（主あるいは双対）基底解の安定性を保証する．

　与えられた最適基底（あるいは辞書）の安定性を問うとは，その最適性が保証されるための入力データの（正方向あるいは負方向）の変化の限界幅を決定することである．原理的には，データの任意の部分の変化が対象となる．しかし，ある種の解析は他に比べ非常に簡単に実行できる．

　まず，辞書 D の最適性は，

- （主実行可能性）　　$A_{.B}^{-1} b \geq \mathbf{0}$ かつ
- （双対実行可能性）　$c_N^\top - c_B^\top A_{.B}^{-1} A_{.N} \leq \mathbf{0}$

であることを思い出そう．

　まず，固定された $k \in E$ に対し辞書 D の最適性を保存するための c_k の範囲を決定したい．これは，c_k 以外の c_j を定数とみなした 1 変数不等式系 $c_N^\top - c_B^\top A_{.B}^{-1} A_{.N} \leq \mathbf{0}$ を解くことに他ならない．

　同様に，辞書 D の最適性を保存するための b_k の範囲を決定したい．これは，b_k 以外の b_i を定数とみなした 1 変数不等式系 $A_{.B}^{-1} b \geq \mathbf{0}$ を解くことに他ならない．

　これら 2 種類の感度分析はすべての標準的な線形計画問題用ソフトウエアに備わったものである．これらの分析で得られる範囲は，与えられた基底の最適性が保存される限界であることに注意しておく．与えられた主（双対）最適解の最適性を保存する $c_k(b_k)$ の範囲がさらに広くなる可能性がある [1]．この意味で，より正確な感度分析が求められるが，解の最適性を保証する範囲を求める

---

[1] これが起こるのは主（双対）辞書が退化しているときである．

ことはさらに難しい問題で，より洗練された技術が必要である．

5.3 ピボットアルゴリズムの双対化

命題 4.6 で示したように，辞書 D の (r,s) を中心としたピボット演算は，演算後に辞書を -1 倍し転置すれば，双対辞書 $-D^\top$ の (s,r) を中心としたピボット演算と同一である．

単体法や十文字法のような主辞書を用いて表現されたピボットアルゴリズムは，双対問題の辞書を見ることなく，双対問題に適用することができる．**双対単体法** (dual simplex method) とは，主辞書 D を用いて記述された双対問題に対する単体法である．**双対十文字法** (dual criss-cross method) とは，（主）十文字法と同一である．このようなアルゴリズムを**自己双対** (self-dual) であるという．

ピボット演算の中心 (r,s) が

(a) $d_{rs} > 0$;

(b) $-d_{fs}/d_{rs} = \min\{-d_{fj}/d_{rj} : j \in N - g,\ d_{rj} > 0\}$

を満たすとき，**双対単体ピボット** (dual simplex pivot) という．双対単体ピボットを中心としたピボット演算を**双対単体ピボット演算**という．

アルゴリズム 5.1 は双対単体法（第 2 段階）の記述であり，初期双対実行可能辞書 D を必要とする．

双対単体ピボット演算は，双対実行可能性を保存し，主基底解の目的関数値 d_{fg} を増やさないことを簡単に示せる．

主単体法と双対単体法のどちらを使うべきだろうか．これらの動きは通常かなり異なるため，この問いは非常に重要である．この点については 5.5.1 項で議論する．

5.4 単体法のピボット規則

4.4.3 項で示した単体法は，各反復においてピボット演算の選択に自由度を許している．この柔軟性は複数の基準を用いて単体法を優位的に動作させるために重要である．例えば，Bland の規則（定義 4.14）は単体法を有限終了させる．単体法を実用上で効率的に動作させる 2 種類の単純な規則を紹介しよう．

アルゴリズム 5.1 双対単体法

```
procedure DualSimplexPhaseII(D, g, f)；
begin
    status:="未定"；
    while status="未定" do
        R := {i ∈ B - f : d_ig < 0} とする；
        if R = ∅ then
            status:="最適"；
        else
(L1)        r ∈ R を選択する；
            S := {j ∈ N - g : d_rj > 0} とする；
            if S = ∅ then
                status:="双対_非有界"；
            else
                S' := {j ∈ S : -d_fj/d_rj = min{-d_fk/d_rk : k ∈ S}}；
(L2)            ある s ∈ S' に対し
                    (r, s) を中心とした双対単体ピボット演算を実行；
                D, B, N を新しい D', B', N' に置き換える；
            endif；
        endif；
    endwhile；
    (status, D) を出力する； /* D は最終辞書 */
end.
```

定義 5.1 （最大係数規則 (Largest Coefficient Rule)）　アルゴリズム 4.2 のステップ (L1) において，d_{fs} が最大である s を S から選択する．

定義 5.2 （最急降下規則 (Steepest Descent Rule)）　アルゴリズム 4.2 のステップ (L1) において，次に定める δ_s を最大にする s を S から選択する．

$$\delta_s = \frac{d_{fs}}{\sqrt{\Sigma_{i \in B-f} d_{is}^2 + 1}}.$$

評価量 δ_s は，分母が x_f と x_g を除いたすべての変数からなる空間における基底方向 $x(B, s)$ の長さであるから，本質的にこの方向の単位長あたりの目的関数の増加量である．「最急降下」という名称は関数の最小値を求める古典的なアルゴリズムに由来し，最大化問題に対しても（標準的な著書同様に）本書ではこの名称を採用した．どちらの規則も対応する評価量 d_{fs} または δ_s を最大化

することで，単体ピボット演算により目的関数値の相応の改善がなされる傾向
にあるという直感に従ったものである．

　両方の規則ともに，Bland の規則やランダム規則に比べて，単体ピボット演
算の回数を通常は減少させることが多数の計算機実験により報告されてきた．

定義 5.3 （ランダム規則 (Random Rule, Random-Edge Rule)）　アルゴリズ
ム 4.2 のステップ (L1) において，s を S からランダムに選択する．

　さらに最急降下規則は，多くのベンチマーク問題に対して最大係数規則より
もピボット演算の回数という観点からかなり優れている．最急降下規則を採用
する際の最大の障壁は，δ_s の多くの計算時間を要する点である．多くの効率的
な実装では，簡単に計算できる δ_s の近似を用いている．

　重要な指摘として，多項式時間ピボット規則 (polynomial pivot rule) はまだ
知られていない．すなわち，ピボット演算の回数が基底変数の個数 m と非基底
変数の個数 d に関する多項式関数で上から抑えられる単体法を実現する規則は
まだ知られていない．肯定的な解決は，幾何，最適化，組合せ論などのいくつか
の重要な未解決問題の解決につながるため，重大なブレイクスルーとなる．35
年以上未解決であった魅力的な予想がある：

予想 5.4 （Liebling 1975）　ランダム規則（定義 5.3）によるピボット演算の
回数の期待値は，m と d の多項式で上から抑えられる．

　2011 年に Friedmann-Hansen-Zwick [15] がこの予想に対する反例を見つけ
た．その反例では，ランダム規則を用いた単体法が，少なくとも超多項式回の
ピボット演算を必要とする．

　平均的な挙動を解析できるランダム規則に関する重要な研究成果について述べ
ておく．特に，Kalai-Kleitman [26] (1992) によるピボット規則と Sharir-Welzl
[46] (1992) によるピボット規則は，ピボット演算の期待回数が劣指数関数で抑
えられる．最大係数規則のような実用的な規則の多くが最悪の場合には指数回
のピボット演算を必要とするため，指数関数ほど速くは増加しない劣指数関数
上界は興味深い．

　最後に，単体法に制限することは多項式時間ピボットアルゴリズムを見つける

ための良い戦略とは思えない雰囲気がある．十文字法は最悪時は指数時間を必要とするが，アルゴリズムの実行前に変数の順序をランダムに並べ替えたとき，平均的に多項式時間アルゴリズムになることが予想されている（[14, 17] 参照）．

予想 5.5（Fukuda 2008）　変数の順序をランダムに定める十文字法のピボット演算の平均回数は，m と d の多項式関数で上から抑えられる．

この話題に関しては付録 A 参照のこと．

5.5　ピボット演算の幾何学的理解

5.5.1　単体法の幾何学的観測

ここまで線形計画問題の幾何学的側面を無視してきた．本節では，ピボット演算の幾何学的解釈を与える．

線形計画問題の幾何に関する感覚を得るために，シャトーマキシム生産問題

$$
\begin{array}{lll}
\text{最大化} & 3x_1 + 4x_2 + 2x_3 \\
\text{制　約} & \\
\text{E1:} & 2x_1 & \leq 4 \\
\text{E2:} & x_1 \quad\quad + 2x_3 \leq 8 \\
\text{E3:} & 3x_2 + \quad x_3 \leq 6 \\
\text{E4:} & x_1 \geq 0,\ x_2 \geq 0,\ x_3 \geq 0
\end{array}
$$

を例とし，単体法で生成された実行可能解の列を図 5.1 に描画する．

g	0	3	4	2
f				
4	4	-2	0	0
5	8	-1	0	$\mathbf{-2}$
6	6	0	-3	-1

$\Rightarrow$ ピボット演算1

g	8	2	4	-1
f				
4	4	-2	0	0
3	4	$-1/2$	0	$-1/2$
6	2	$1/2$	$\mathbf{-3}$	$1/2$

$\Downarrow$ ピボット演算2

g	1	6	5
f 32/3	$8/3$	$-4/3$	$-1/3$
4 4	$\mathbf{-2}$	0	0
3 4	$-1/2$	0	$-1/2$
2 2/3	$1/6$	$-1/3$	$1/6$

$\Downarrow$ ピボット演算3

g	4	6	5
f 16	$-4/3$	$-4/3$	$-1/3$
1 2	$-1/2$	0	0
3 3	$1/4$	0	$-1/2$
2 1	$-1/12$	$-1/3$	$1/6$

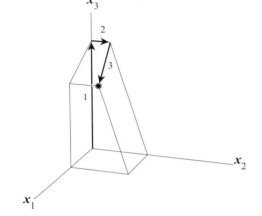

図 5.1　実行可能領域 Ω と単体法の動き

上記の例では，単体法は初期基底解 $(0,0,0)$ からスタートし，パス

$$(0,0,0) \longrightarrow (0,0,4) \longrightarrow (0,2/3,4) \longrightarrow (2,1,3)$$

をたどる．図 5.1 のように，単体法は実行可能領域の頂点（幾何の用語では端点）から隣接する頂点へ目的関数値を良くするように辺をたどる．

5.5.3 項では，すべての実行可能基底解が実際に実行可能領域の端点であることを証明する（端点の定義については後に与える）．

この単体法の幾何学的解釈から，単体法は実行可能領域の組合せ的構造にどのように影響を受けるかが理解できる．例えば，実行可能領域の端点の個数は，単体ピボット演算の回数の最悪時上界の重要な指標となり得る．凸多面体 Ω の組合せ的直径は理想的な単体法がどの程度効率的かを定める．Ω の組合せ的直径（直径）とは，任意の 2 頂点間の（辺の本数に関する）最短路長の最大値と定める．n 本の不等式で表現される任意の d 次元有界凸多面体に対して，その直径が $n-d$ であることを主張する有名な Hirsch の予想が知られている．上記の例では $d=3$, $n=6$ であり，この予想は任意の頂点から他の頂点へは高々 3

本の辺をたどれば行けることを主張している．この予想は $d = 3$ のときや様々な特殊な場合には正しいが，2010 年に Santos [43] によりこの予想の反例が示された [2].

　別の興味深い問いとして，与えられた線形計画問題に対して主問題と双対問題のどちらを解くべきかというものがある．与えれらた基準形の線形計画問題の行列 A の大きさが $m \times d$ のとき，主実行可能領域 Ω は $\mathbb{R}^d$ に，双対実行可能領域 Ω^* は $\mathbb{R}^m$ に含まれる．両方の問題に対し，不等式制約の本数 n は $m + d$ である．Hirsch の上界は実際の直径を比較する良い指標であることが報告（また特殊な場合に証明）されてきた．これは，主問題についての Hirsch の上界 m と双対問題についての d が，どちらの多面体の直径が小さいかをしばしば示すことを意味する．手短にいうと，もし主実行可能領域の次元 d が双対実行可能領域の次元 m より大きいならば主実行可能領域の直径は小さく，そうでないならば大きいという傾向にある．すなわち，次元の大きい方の問題を解くようにする．両者がほぼ等しいならば，どちらを解いても大差はないだろう．

　図 5.2 に，d を 3 に固定し，m を 3，10，50，100 から選んだシャトーマキシム生産問題タイプの小さな例を与えた．値 $\mathrm{v}(\Omega)$ と $\mathrm{diam}(\Omega)$ は，それぞれ凸多面体 Ω の頂点数と直径を表す．

---

[2] この反例では Hirsch の上界を少しだけ（小さな定数だけ）超えた．そのため少しだけ上界を改良した予想は未解決である．

$d = 3, \, m = 3$

$\mathrm{v}(\Omega) = 8 \qquad \mathrm{diam}(\Omega) = 3$

$\mathrm{v}(\Omega^*) = 6 \quad \mathrm{diam}(\Omega^*) = 3$

$d = 3, \, m = 10$

$\mathrm{v}(\Omega) = 22 \qquad \mathrm{diam}(\Omega) = 6$

$\mathrm{v}(\Omega^*) = 92 \quad \mathrm{diam}(\Omega^*) = 4$

$d = 3, \, m = 50$

$\mathrm{v}(\Omega) = 102 \qquad \mathrm{diam}(\Omega) = 12$

$\mathrm{v}(\Omega^*) = 5983 \quad \mathrm{diam}(\Omega^*) = 4$

$d = 3, \, m = 100$

$\mathrm{v}(\Omega) = 202 \qquad \mathrm{diam}(\Omega) = 16$

$\mathrm{v}(\Omega^*) = 44301 \quad \mathrm{diam}(\Omega^*) = \, ?$

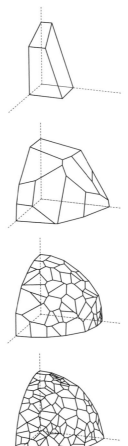

図 5.2　m が増加したときの主実行可能領域 $\subseteq \mathbb{R}^3$

　まず，m が増加するにつれ主実行可能領域の境界が複雑になるのは明らかである．双対実行可能領域は m 次元空間に含まれ描くのは困難ではあるが，同様の主張が双対実行可能領域についてもいえる．主実行可能領域と双対実行可能領域の間の興味深い差異が存在する：主実行可能領域は双対実行可能領域よりも頂点数はかなり少ないが，双対実行可能領域よりもかなり大きな直径をもつ．この傾向は m が増加するにつれ強くなる．実際，m が d より大きくなったとき，主単体法よりも双対単体法（双対問題に対する単体法）で解く方がたいてい

の場合は高速である．直径の違いによるこの説明は直感的に納得できるだろう．

　最後に非有界多面体については Hirsch の上界がそのままでは当てはまらないことをみよう．$m = 10$ の場合に，双対多面体が直径 4 をもち，それは Hirsch の上界 3 よりも大きい．この事実は，1967 年に Klee-Walkup により最初に証明された．

5.5.2　アルゴリズムの 3 つのパラダイム

　前章では 2 つのピボットアルゴリズム，単体法と十文字法を学んだ．これらのアルゴリズムには多くの異なる変種が存在する．後に第 11 章では線形計画問題に対する異なるアルゴリズムパラダイム，内点法を紹介する．

　単体法は実行可能領域の辺からなるパスをたどり，十文字法は（実行可能領域に限らず）全空間内のパスをたどるが，不等式制約が定める複数の半空間が生成した直線群（超平面アレンジメントの 1 次元骨格）から外れることはない．内点法は，全空間内の明確に定義された非線形パスをたどる（図 5.3 参照）．十文字法は，簡単に正しい実装が可能である．実用性という観点では他の 2 種類のアルゴリズムが，少なくとも現時点の認識として，遥かに優れている．また，内点法だけが（現在のところ）多項式時間計算量を実現している．アルゴリズムのこれらの違いを悩ましいと思うかもしれないが，魅力的な謎を含んだ線形最適化の理論の豊かさを示す明確な指標ではないだろうか．

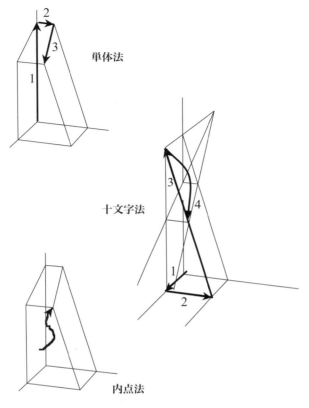

図 5.3 3つのパラダイム

5.5.3 形式的議論

辞書形式の線形計画問題

$$
\begin{array}{ll}
\text{最大化} & x_f \\
\text{制約} & x_{B_0} = D x_{N_0} \\
& x_g = 1 \\
& x_j \geq 0 \quad (j \in E \setminus \{f, g\})
\end{array}
$$

を考える．ただし，$E = B_0 \cup N_0$ とする．実行可能解全体の集合を Ω とする．すなわち

$$
\Omega = \{x \in \mathbb{R}^E : x_{B_0} = D x_{N_0},\ x_g = 1,\ x_j \geq 0 \quad \forall j \in E \setminus \{f, g\}\}
$$

とする．E の部分集合 S に対して，

$$\Omega(S) = \{x_S \in \mathbb{R}^S : x \in \Omega\}$$

と定める．$\Omega(S)$ は Ω の部分空間 $\mathbb{R}^S$ への直交射影である．集合 $P \subseteq \mathbb{R}^E$ と $Q \subseteq \mathbb{R}^S$ に対し，P から Q へのアフィン全単射 [3] が存在するとき，P と Q は**アフィン同値** (affinely equivalent) であるといい，$P \sim Q$ と表記する．このとき，以下を示すことができる．

$$\Omega \sim \Omega(N - g) \quad (N：任意の非基底).$$

$\Omega(N - g)$ から Ω へのアフィン関数の構成に関する非自明な部分は，$x_g = 1$ かつすべての基底変数 x_B は非基底変数 x_N から一意に定まるという事実から示せる．

　Fourier-Motzkin の消去法（演習問題 4.3）を用いることにより実行可能領域とその射影を，ある $m \times S$ 行列 A と m 次元ベクトル b を用いて

$$\Omega(S) = \{x \in \mathbb{R}^S : Ax \le b\}$$

のように表現できることが簡単に示せる．この表現は，$\Omega(S)$ のある種の性質を証明するのに有益である．

　一般に，$\mathbb{R}^S$ における（有限本の）線形不等式系の解全体の集合を**凸多面体** (convex polyhedron) という．線形不等式系の実行可能領域はまさにこのような集合である．次元 $d = |S|$ が 2 あるいは 3 であるとき凸多面体は描画できるが，高次元の多面体を「見る」ことは簡単ではない [4]．高次元の多面体の構造を理解するためには，凸多面体の異なる表現を使うのが有益である．ここでは，凸多面体の定義には不等式表現，あるいは **H 表現** (H-representation) を用いている．H は半空間 (halfspace) から来ている．

　例えば，シャトーマキシム生産問題（例 1.1）：

---

[3] **アフィン関数** (affine function) とは，ある行列 M とベクトル q に対して $f(x) = Mx + q$ を書けるもので，線形関数 $f(x) = Mx$ に定数項 q が追加されたものである．**全単射** (bijection) とは，上への 1 対 1 関数のことである．

[4] Schlegal ダイアグラムや Gale 変換といった特殊な配置を用いたいくつかの多面体の描画技法が存在する．

$$\begin{aligned}
&\text{最大化} &&3x_1 + 4x_2 + 2x_3\\
&\text{制　約}\\
&\text{E1:} &&2x_1 &&&&\leq 4\\
&\text{E2:} &&x_1 &&+ 2x_3 &&\leq 8\\
&\text{E3:} &&&&3x_2 +\ x_3 &&\leq 6\\
&\text{E4:} &&x_1 \geq 0,\ x_2 \geq 0,\ x_3 \geq 0
\end{aligned}$$

に対して，対応する辞書形式は

$$\begin{aligned}
&\text{最大化} &&x_f = 0x_g + 3x_1 + 4x_2 + 2x_3\\
&\text{制　約} &&x_4 = 4x_g - 2x_1\\
&&&x_5 = 8x_g -\ x_1 \qquad\quad -\ 2x_3\\
&&&x_6 = 6x_g \qquad\quad -\ 3x_2 -\ x_3\\
&&&x_g =\ 1,\\
&&&x_1,\ x_2,\ x_3,\ x_4,\ x_5,\ x_6 \geq 0
\end{aligned}$$

となり，実行可能領域は，

$$\Omega = \left\{
\begin{array}{ll}
x = (x_1, x_2, \ldots, x_6, x_f, x_g)^\top:\\
x_f = 3x_1 + 4x_2 + 2x_3, & x_4 = 4x_g - 2x_1,\\
x_5 = 8x_g - x_1 - 2x_3, & x_6 = 6x_g - 3x_2 - x_3,\\
x_g = 1, & x_1,\ x_2,\ x_3,\ x_4,\ x_5,\ x_6 \geq 0
\end{array}
\right\}$$

と定まる．$S_1 = \{1, 2, 3\}$ と定めると

$$\Omega(\{1,2,3\}) = \left\{
\begin{array}{ll}
x \in \mathbb{R}^{S_1}: 2x_1 \leq 4,\ x_1 + 2x_3 \leq 8,\ 3x_2 + x_3 \leq 6,\\
\quad x_1 \geq 0, \qquad\quad x_2 \geq 0, \qquad\quad x_3 \geq 0
\end{array}
\right\}$$

となる．図 5.4 は Ω とアフィン同値な $\Omega(\{1,2,3\})$ を表している．

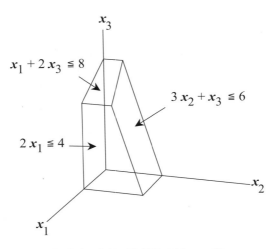

図 5.4　実行可能領域 $\Omega(\{1, 2, 3\})$

一方，$S_2 = \{4, 2, 3\}$ と定めると

$$\Omega(\{4, 2, 3\}) = \left\{ \begin{array}{ll} x \in \mathbb{R}^{S_2} : \ x_4 \le 4, \quad -x_4 + 4x_3 \le 12, \quad 3x_2 + x_3 \le 6, \\ \phantom{x \in \mathbb{R}^{S_2} : \ } x_4 \ge 0, \qquad\qquad x_2 \ge 0, \qquad\qquad x_3 \ge 0 \end{array} \right\}$$

となる．これは，初期辞書に対し $(4, 1)$ を中心としたピボット演算（x_4 と x_1 の交換）で

$$
\begin{aligned}
&\text{最大化} && x_f = 6x_g - 3/2x_4 + 4x_2 + 2x_3 \\
&\text{制　約} && x_1 = 2x_g - 1/2x_4 \\
& && x_5 = 6x_g + 1/2x_4 \qquad\quad - 2x_3 \\
& && x_6 = 6x_g \qquad\qquad\quad - 3x_2 - x_3 \\
& && x_g = 1, \\
& && x_1, \ x_2, \ x_3, \ x_4, \ x_5, \ x_6 \ge 0
\end{aligned}
$$

が得られることより確認できる．図 5.5 は $\Omega(\{4, 2, 3\})$ を描画したものである．
領域 $\Omega(\{1, 2, 3\})$ と $\Omega(\{4, 2, 3\})$ はアフィン同値である．これらは同一の対象 Ω を表現するために，単に異なる座標系を用いているだけである．それぞれ，図の原点が対応する基底解である．読者は既に基底解が実行可能領域の端点であることを予見しているかもしれない．

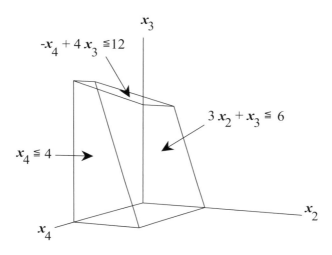

図 5.5　実行可能領域 $\Omega(\{4,2,3\})$

　端点などの実行可能領域や基底解の幾何について議論をするときに有益な幾何的概念について定義を与えよう.

　x^1 と x^2 を $\mathbb{R}^d$ の点とし, S を $\mathbb{R}^d$ の部分集合とする. x^1 と x^2 の**凸結合** (convex combination) をある λ $(0 \leq \lambda \leq 1)$ に対し $\lambda x^1 + (1-\lambda)x^2$ と定まる点とする. x^1 と x^2 の間の**線分** (line segment) とは, これらの凸結合全体:

$$[x^1, x^2] = \{x \in \mathbb{R}^d : x = \lambda x^1 + (1-\lambda)x^2, \ 0 \leq \lambda \leq 1\} \tag{5.4}$$

とする. $\mathbb{R}^d$ の部分集合 S は, S 内の任意に 2 点間の線分が S に含まれるとき, **凸** (convex) であるという (図 5.6 参照). 点 $x \in S$ が x 以外の S の 2 点の凸結合で表現できないとき, x を S の**端点** (extreme point) であるという.

命題 5.6　実行可能領域 Ω は凸である.

証明　表現 $\Omega = \{x \in \mathbb{R}^E : Ax \leq b\}$ を利用する. x^1, x^2 を Ω の点とし, x を x^1 と x^2 の凸結合とする.

$$Ax = A(\lambda x^1 + (1-\lambda)x^2) = \lambda Ax^1 + (1-\lambda)Ax^2$$
$$\leq \lambda b + (1-\lambda)b = b$$

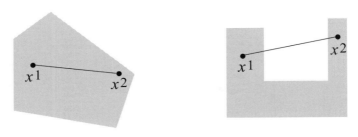

図 5.6　凸集合と非凸集合

であるから，Ω は凸である.　　　　　　　　　　　　　　　　　　　　　　　$\square$

　不等式系 $Ax \leq b$ の解 $\overline{x}$ に対して，$Ax \leq b$ の不等式で $\overline{x}$ が等号で満たすもの
を集めた極大な部分不等式系を $A^1 x \leq b^1$ と表記する．このとき，$\overline{x}$ が $A^1 x = b^1$
の一意的解であるとき，すなわち，$\overline{x}$ が

$$A = \begin{bmatrix} A^1 \\ A^2 \end{bmatrix},\ b = \begin{bmatrix} b^1 \\ b^2 \end{bmatrix},\ A^1 \overline{x} = b^1,\ A^2 \overline{x} < b^2$$

で一意的に定まるとき，$\overline{x}$ は**初等的** (elementary) であるという.

定理 5.7　$\Omega = \{x \in \mathbb{R}^E : Ax \leq b\}$ とする．このとき，点 $x \in \Omega$ が端点であ
る必要十分条件はそれが $Ax \leq b$ の初等的解となることである.

証明　$\overline{x}$ を初等的解とする．$\overline{x}$ が Ω の 2 点 x^1 と x^2 の凸結合であると仮定す
る．すなわち，ある λ $(0 < \lambda < 1)$ に対し $\overline{x} = \lambda x^1 + (1 - \lambda)x^2$ と仮定する．こ
こで，$A^1 x = b^1$ から任意に不等式 $A_i x \leq b_i$ を選ぶ．x^1 も x^2 もこの不等式を
等号で満たさなければならない．仮にそうでないとすると

$$A_i \overline{x} = A_i(\lambda x^1 + (1 - \lambda)x^2) = \lambda A_i x^1 + (1 - \lambda) A_i x^2$$
$$< \lambda b_i + (1 - \lambda) b_i = b_i$$

となり，i の選択に矛盾する．すなわち，x^1 と x^2 の両方が $A^1 x = b^1$ を満たす.
$\overline{x}$ は初等的であるから，$\overline{x}$, x^1, x^2 はすべて同一点である．このことより，$\overline{x}$ は
端点である.

　逆の証明は演習問題とする.　　　　　　　　　　　　　　　　　　　　　　　$\square$

系 5.8 初等的解の概念は，与えられた不等式系の解全体の集合のみに依存する．

定理 5.9 辞書形式の線形計画問題の各実行可能基底解は，実行可能領域の端点である．

証明 辞書形式の線形計画問題を考える．制約

$$x_B = Dx_N, \quad x_{E\setminus\{f,g\}} \geq \mathbf{0}, \quad x_g = 1$$

を，等式を 2 つの不等式に置き換えることで，$Ax \leq b$ のように表記する．すなわち，実行可能領域は $\{x : Ax \leq b\}$ である．

基底解 $x(B,g)$ は，$x_B = Dx_N$, $x_g = 1$, $x_{N-g} = \mathbf{0}$ により一意的に定まる．明らかにこれらの等式は，$x(B,g)$ が等式で満たす $Ax \leq b$ の極大部分不等式系に含まれるので，この極大不等式系を等式系にしたものは一意的な解をもつ．これは，$x(B,g)$ が $Ax \leq b$ の初等的解であることを意味する．定理 5.7 より，$x(B,g)$ は実行可能領域の端点である． □

5.6 演習問題

▷ **演習問題 5.1 端点** 定理 5.7 の証明を完成させなさい．すなわち，すべての端点が初等的解であることを示しなさい．

▷ **演習問題 5.2 Gomory カット** 標準形の整数計画問題

$$\begin{aligned} \text{最大化} \quad & c^\top x \\ \text{制 約} \quad & Ax = b \\ & x \geq \mathbf{0} \\ & x \in \mathbb{Z}^{m+n} \end{aligned}$$

を考える．ただし，A, b, c の成分は整数とする．B と N を線形緩和問題，すなわち，整数制約 $x \in \mathbb{Z}^{m+n}$ を無視して得られる線形計画問題の最適基底と最適非基底とする．整数計画問題を B, $\overline{B} = B + f$, N を用いて

$$\text{最大化} \qquad\qquad x_f$$
$$\text{制　約} \qquad x_{\overline{B}} + A'x_N = b'$$
$$x_{B \cup N} \geq \mathbf{0}$$
$$x \in \mathbb{Z}^{m+1+n}$$

と表現できる．各 $i \in \overline{B}$ に対して，**Gomory カット** (Gomory cut) を

$$\sum_{j \in N}(a'_{ij} - \lfloor a'_{ij} \rfloor)x_j = b'_i - \lfloor b'_i \rfloor + x_k, \quad x_k \geq 0, \quad x_k \in \mathbb{Z}$$

と定める．ただし，$\lfloor a'_{ij} \rfloor$ は a'_{ij} の小数点以下を切り捨てた整数であり，x_k は新たなスラック変数とする．

(a) 整数計画問題の任意の実行可能解は Gomory カットを満たすことを示しなさい．

(b) ある整数計画問題に対応した線形計画問題の最適辞書を

	g	3	2
f	$200/9$	$-5/9$	$-14/9$
1	$40/9$	$-1/9$	$-10/9$
4	2	0	-1

としたとき，すべての Gomory カットを構成しなさい．どのようなときに現在の基底解は Gomory カットを満たさないか．

(c) $f \in \overline{B}$ に対応した Gomory カットを辞書に追加し，双対単体法のピボット演算を一度実行しなさい．それにより整数最適解が得られただろうか．

(d) (c) と同様のことを $1 \in \overline{B}$ に対して実行しなさい．

(e) Gomory カットを利用した整数計画問題に対するアルゴリズムを構築しなさい．有限終了性の証明は不要である．

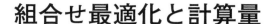

組合せ最適化と計算量

第6章

　前章までは，凸多面体となる実行可能領域内で線形関数を最大化（または最小化）する解を求めるという線形計画問題に対する理論とアルゴリズムを扱った．線形計画問題では，実行可能解は無限に存在することを注意しておく．本章では，実行可能解の個数が本質的に有限である組合せ最適化問題のいくつかを取り上げる．

　まず，組合せ最適化問題の典型例を見る．後ほど組合せ最適化問題を2種類のグループに分ける，一方は効率的に解ける問題のクラスで，他方は解くのが難しい問題のクラスである．効率的に（あるいは多項式時間で）解ける問題の概念や，難しいと同義と思ってよい NP 完全性を定義する．

　組合せ最適化問題の多くは，グラフあるいは有向グラフを用いて定義される．グラフ理論について不慣れな場合は，6.3 節でパス，木，マッチング，サイクルなどのグラフあるいは有向グラフの基本概念を定義するのでそちらを見て欲しい．

6.1　例

効率的に解ける問題（多項式可解問題）を数例挙げる．

- **割当問題** (Assignment Problem)（**2 部完全マッチング問題** (Bipartite Perfect Matching Problem)）
  所与の $n \times n$ 行列 $W = [w_{ij}]$ に対して，各行各列で重ならないような n 個の成分で総和が最大（あるいは最小）になるものを求める問題である．

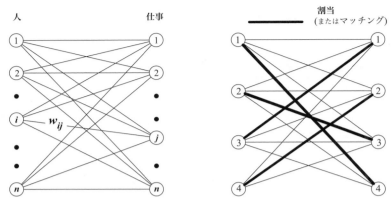

図 6.1　割当問題

- **完全マッチング問題** (Perfect Matching Problem)

  辺に重みが付いた所与のグラフに対して，重みの総和を最大化する完全マッチング（辺の集合で各頂点をちょうど1回被覆するもの）を求める問題である．

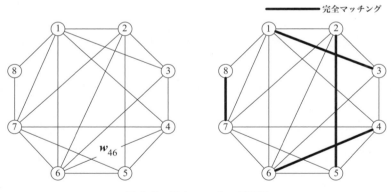

図 6.2　完全マッチング問題

- **最短路問題** (Shortest Path Problem)

  辺に正の重み（例えば，距離，費用）が付いた所与の有向グラフに対して，指定された2頂点間のパスで総重み（すなわちパス上の辺の重みの総和）を最小とするものを求める問題である．

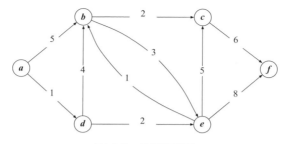

図 6.3　最短路問題

- **最小全域木問題** (Minimum Spanning Tree Problem)
  辺に重み（例えば，距離，費用）が付いた所与のグラフに対して，総重み（すなわち辺の重みの総和）を最小とする全域木を求める問題である．

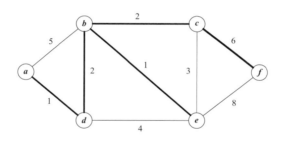

図 6.4　最小全域木問題

- **中国人郵便配達問題** (Chinese Postman Problem)（少し拡張した形式）
  辺に重み（例えば，距離，費用）が付いた所与のグラフと連結部分グラフに対して，この部分グラフの各辺を少なくとも 1 回は通るルートで総重み最小のものを求める問題である．

- **最大流問題** (Maximum Flow Problem)
  辺に容量（例えば分量／秒）が付いた所与の有向グラフに対して，指定された始点から終点への流れで総量を最大化するものを求める問題である．

- **最小費用流問題** (Minimum Cost Flow Problem)
  辺に重み（例えば費用）と容量，頂点に需要が付いた所与の有向グラフに対して，すべての需要と容量を満たし総重みを最小化する流れを求める問題である．

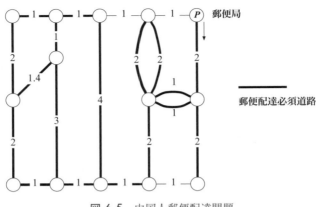

図 6.5　中国人郵便配達問題

難しい問題（NP 完全問題）を数例挙げる.

- **巡回セールスマン問題** (Traveling Salesman Problem; TSP)
  辺に重み（例えば距離，費用）が付いた所与の完全グラフに対して，各頂点をちょうど1回訪れる巡回路で総重み最小のものを求める問題である.

- **3 次元割当問題** (3-dimensional Assignment Problem)
  所与の3次元 $n \times n \times n$ 行列 $W = [w_{ijk}]$ に対して，各行 i，各列 j，各段 k で重ならないような n 個の成分で総和が最大（あるいは最小）になるものを求める問題である.

- **最長路問題** (Longest Path Problem)
  辺に正の重み（例えば距離，費用）が付いた所与の有向グラフに対して，指定された2頂点間の単純パスで総重みを最大化するものを求める問題である.

- **ナップサック問題** (Knapsack Problem)
  価値と重みが付いた物の所与の集合から，重みの総和が指定の定数 b 以下で価値の総和を最大化する部分集合を求める問題である.

- **集合被覆問題** (Set Cover Problem)
  U を有限集合とし，$\mathcal{S}$ を U の部分集合族とする．$\mathcal{S}$ の部分族 $\mathcal{C}$ で U を被覆するもの，すなわち，$\mathcal{C}$ 内の集合の和が U となるもので（要素数）最小のものを求める問題である.

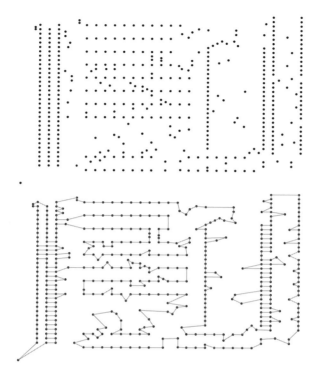

図 6.6 ユークリッド巡回セールスマン問題と最適巡回路（TSPLIB 問題, pcb442.tsp)

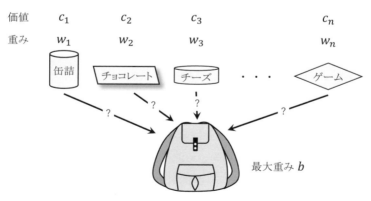

図 6.7 ナップサック問題

- **充足可能性問題** (Satisfiability Problem; SAT)

  n 個の論理変数 $x \in \{0,1\}^n$ に関する所与の連言標準形のブール論理

式 $B(x) := \bigwedge_{i=1}^{m} C_i$（ただし C_i は 1 つ以上のリテラルの選言，例えば $x_1 \bigvee \neg x_2 \bigvee x_5$）に対して，$B(x) = 1$ となる x の真偽値の割当が存在するか判定する問題である.

6.2   計算の効率性

本節では，

> 「割当問題が効率的に解ける」とはどのような意味だろうか

という問いを考える.

効率的なアルゴリズム

- 直感的な説明
  問題の入力長の増加に対しその問題を解くために必要な時間が高速には増加しないとき，そのアルゴリズムは効率的である.

- 正確な定義
  入力長 L の問題例（入力）を解く時間が L の多項式関数で上から抑えられるとき，そのアルゴリズムは**効率的** (efficient, good)，**多項式的** (polynomial) あるいは**多項式時間** (polynomial time) であるという.（すなわち 2^L のような指数関数的な増加はしない.）
  問題例の**サイズ** (size) とは，それを 2 進表記するのに必要なビット長である.

- さらに正確な定義
  「時間」を定義するために計算機モデルを定める必要がある. **Turing 機械** (Turing machine) を用いるのが標準的である. これは，無限長テープ装置を備えたデジタル計算機の非常に単純な数学モデルである. 例えば，Turing 機械は 2 つの数の初等的演算（四則演算と比較演算）をこれらの数のサイズに関する多項式時間で実行できる. Turing 機械でアルゴリズムが多項式時間で動くことを証明するためには，本質的にはアルゴリズムを実行する際の初等的演算の回数と演算中の数値の桁数の両方を入力長に関する多項式関数で上から抑えられることを示せばよい.

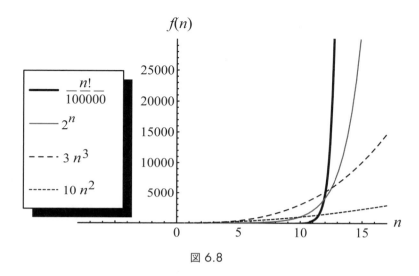

図 6.8

多項式関数と指数関数

図 6.8 は，多項式 $10n^2$，$3n^3$ と指数 2^n と超指数 $\frac{n!}{100000}$ を図示したものである．この図からもわかるように，多項式に比べ指数あるいは超指数の増え方は急激である．

- なお，割当問題に対しては $O(n^3)$ 時間アルゴリズムが存在する [1]．
- また，巡回セールスマン問題に対しては多項式時間アルゴリズムは知られていない．

6.2.1 問題の難しさの評価

6.1 節で挙げた問題の難しさをどのように見分ければよいのだろうか．より正確には，

> どの問題が多項式時間で解けるのか
> どの問題が解けないのか

---

[1] アルゴリズムの最悪時の計算時間を関数 $f(n)$ で表現したとき，$O(g(n))$ という表記は，ある定数 c と n_0 が存在し任意の $n \geq n_0$ に対して $f(n) \leq cg(n)$ が成り立つことを意味する．すなわち，十分大きな n に対して最悪時の計算時間が $g(n)$ の定数倍で上から抑えられるという漸近的挙動を示している．

という問いを考える.

簡単な問題（クラス P）

　問題に対する多項式時間アルゴリズムが存在するとき，この問題は**クラス P** (class P) に属する，あるいは**多項式時間可解，多項式可解** (polynomially solvable) であるという.

　「簡単かもしれない問題」を分類するために 2 つのクラス NP と co-NP を定義する.まず，それぞれの最適化問題に対応した**判定問題** (decision problem)，すなわち，イエスかノーかを答える問題を考える.

> 任意に固定された（有理）数 K に対して，
> 目的関数値が K より良い実行可能解が存在するか判定しなさい.

（ここで，「良い」とは最大化では「大きい」，最小化では「小さい」を意味する.）

対象とする問題の世界（クラス NP）

　問題に対して，対応する判定問題の答えがイエスであるならば，ある証拠が存在し，これを用いることで答えの正当性を多項式時間で証明できるとき，この問題は**クラス NP** (class NP; nondeterministic polynomial) に属するという.（このような証拠を**簡潔な証拠**という.）

> **命題 6.1**　　巡回セールスマン問題（かつ 6.1 節のすべての問題）は，NP に属する.

証明　K を任意の値とする.もし所与のグラフに総距離が K 未満の巡回路が存在するならば，そのような巡回路自身が簡潔な証拠となる.なぜならば，その総距離が K 未満であるかは，初等的演算を多項式回使えば簡単に確認できる.　□

対象とする問題のもうひとつの世界（クラス co-NP）

　問題に対して，対応する判定問題の答えがノーであるならば，ある証拠が存在し，これを用いることで答えの正当性を多項式時間で証明できるとき，この

問題はクラス co-NP (class co-NP) に属するという.

鍵となる命題を以下に述べる.

命題 6.2 クラス P に属するすべての問題はクラス NP と co-NP の両方に属する.

次の註は重要である.

註 6.3 問題がクラス NP と co-NP の両方に属するとき,多くの場合はクラス P にも属する.

多項式還元 (Polynomial Reduction)

判定問題 A と B について,A の任意の問題例から答えを保存した B の問題例への多項式時間変換が存在するとき,A は B に**多項式還元可能** (polynomially reducible) であるといい,A ∝ B と表記する.

多項式還元は,ある問題が他の問題よりも難しくないことを示すための便利な方法を提供している.すなわち,以下の命題が成り立つ.

命題 6.4 A ∝ B であるならば A は B より難しくはない,すなわち,B ∈ P ならば A ∈ P である.

註 6.5 割当問題 (の判定問題) は,3 次元割当問題に多項式還元可能であることが簡単に示せる.

クラス NP (またクラス co-NP) で最も難しい問題

計算量理論において最も重要な定理を示す.

定理 6.6(Cook の定理) クラス NP の中で最も難しい問題のクラス,すなわち,NP に含まれかつ NP 内の任意の問題から多項式還元可能な問題のクラスは非空である.このクラスは**クラス NP 完全** (class NP-complete; NPC) とよばれ,特に充足可能性問題を含む.

様々な人々により 6.1 節のすべての難しい問題が NP 完全であることが証明されてきた.

証明が困難に思える未解決問題

(1) P = NP か.（おそらく偽である. もし真ならば P = NP = co-NP である.）

(2) P = NP ∩ co-NP か.

図 6.9 に (1) が偽と仮定した場合の計算量理論の地図を示す.

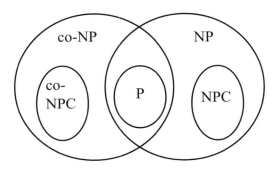

図 6.9　P ≠ NP を仮定した計算量理論の地図

6.2.2　簡単な歴史

1937	Turing 機械	Alan Turing
1953	多項式時間 対 指数時間	John von Neumann
1965	クラス $\mathcal{L}$（NP の部分クラス）	Alan Cobham
1965	効率的アルゴリズム (P), 良い特徴付け (NP)	Jack Edmonds
1970	計算量尺度の公理系	Michael Rabin
1971	クラス $\mathcal{L}^+(= \text{NP})$, 完全性	Stephen Cook
1972	クラス P, NP, NPC	Richard Karp
1979	クラス#P, #P 完全	Leslie Valiant

ノート：クラス#P は, 数え上げ問題（解の個数を求める問題）の世界であり, #P 完全は NP 完全よりも難しい問題のクラスである. 驚くことに, 判定問題

が多項式可解であるときでも対応する数え上げ問題は難しくなり得る．例えば
Valiant は，割当問題の数え上げ問題が#P 完全であることを証明した．これより，この数え上げ問題は NP 完全問題より易しくはない．

6.3　グラフ理論の基本概念

6.3.1　グラフと有向グラフ

グラフあるいは有向グラフは図 6.10 に描かれたような図形の数学的定式化である．

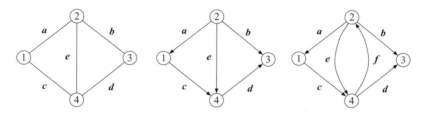

図 6.10　グラフ，向き付けグラフ，有向グラフ

グラフ (graph) あるいは**無向グラフ** (undirected graph) は組 $G = (V, E)$ で，$V = V(G)$ は**頂点** (vertex) 集合あるいは**点** (node) 集合とよばれる有限集合で，$E = E(G)$ は**辺** (edge) 集合あるいは**弧** (arc) 集合とよばれる $\binom{V}{2}$ の部分集合である．各辺 $\{i, j\}$ は ij あるいは ji と表記され，両者は同じ辺を表す．$e = ij$ が辺 ($ij \in E$) であるとき，頂点 i と j は e の**端点** (endvertices, endnodes) といい，また i と j は**隣接** (adjacent) するという．また辺 $e = ij$ は，i と j を**結ぶ** (join) といい，e は i，j と**接続**する (incident to) という．

有向グラフ (directed graph, digraph) は組 $G = (V, E)$ で，E が異なる頂点の順序対の集合であることを除いて無向グラフとすべて同じである．それぞれの辺は (i, j) あるいは ij ($\neq ji$) と表記される．明らかに $|E| \leq |V| \times (|V| - 1)$ が成り立つ．$e = ij \in E$ のとき，i は e の**始点** (tail)，j は e の**終点** (head) とよばれる．辺 e は i から j へ**向き付け** (directed) されているという．有向グラフを無向グラフを区別するために，G，E，ij の代わりに $\vec{G}$，$\vec{E}$，$\vec{ij}$ と表記することもある．

　向き付けグラフ (oriented graph) とは，有向グラフ $G = (V, E)$ でそれぞれ
の $i, j \in V$ に対して (i, j) あるいは (j, i) の高々一方が辺となるものである．

　例えば図 6.10 において，左のものは $V = \{1, 2, 3, 4\}$ と $E = \{a, b, c, d, e\}$
をもつグラフである．それぞれの辺は 2 頂点を結ぶ線分で表現されており，
$a = 12 = 21$, $b = 23 = 32$, $c = 14 = 41$ などである．図の右のものは頂点集合
$V = \{1, 2, 3, 4\}$ と辺集合 $\overrightarrow{E} = \{a, b, c, d, e, f\}$ をもつ有向グラフで，各辺は頂
点の順序対であり，$a = \overrightarrow{21}(\neq \overrightarrow{12})$, $e = \overrightarrow{24}$, $f = \overrightarrow{42}$ などである．この有向グラ
フでは，辺 a は始点 2 から終点 1 に向き付けされている．e の始点（終点）は
f の終点（始点）であり，これらは向き付けが逆で平行である．

　平行辺 (parallel edges)（すなわち同一頂点間の複数の辺）あるいは**自己ルー
プ** (loop)（すなわち同一頂点を結ぶ辺）を導入することが有益であることもあ
る．これらの一般化した構造は定義を修正することで扱うことができる．これ
らの構造を**マルチグラフ** (multigraph) とよぶ人もいれば，単にグラフとよび本
書で扱うグラフを**単純グラフ** (simple graph) と定義する人もいる．図 6.11 参
照．本書では一般化することの益はないため，ここでの定義は適切であろう．

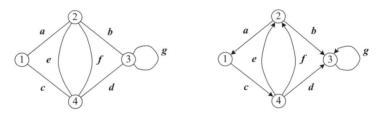

図 6.11　本書では扱わないマルチグラフ

　グラフ G と H に対して，全単射 $f : V(G) \rightarrow V(H)$ が存在して，任意の
$i, j \in V(G)$ について i と j が G で隣接することの必要十分条件が $f(i)$ と $f(j)$
が H で隣接することであるとき，G と H は**同型** (isomorphic) であるという．

　（有向）グラフ $G = (V, E)$ に対して，$|V|$ を G の**位数** (order) といい，E を
G の**サイズ** (size) という．混乱がない限り，$|V|$ を n, $|E|$ を m と表記する．

　（有向）グラフ $G = (V, E)$ の頂点 v に対して，v に接続する辺の本数を**次数**
(degree, valency) といい，$\deg(v)$ と表記する．次数 1 の頂点を**葉** (leaf) とよぶ．

命題 6.7 すべてのグラフについて,次数が奇数である頂点の個数は偶数である.

証明 すべての辺は 2 つの端点をもつので,

$$\sum_{i \in V} \deg(i) = 2|E|$$

が成り立つ.右辺は偶数であるから,左辺において次数が奇数である頂点の個数は偶数でなければならない. □

グラフ G と G' について $V(G') \subseteq V(G)$ かつ $E(G') \subseteq E(G)$ であるとき,G' は G の**部分グラフ** (subgraph) であるといい,$G' \subseteq G$ と表記する.本書では $G' \subseteq G$ のとき,G' は G に **含まれる** ともいう.また部分グラフ G' が $V(G') = V(G)$ を満たすとき,G' は**全域的** (spanning) であるという.

グラフ $G = (V, E)$ と V の任意の部分集合 V' に対して,G の部分グラフで頂点集合が V',辺集合 E' が両端点が V' に含まれる辺全体 $E' = \{ij \in E : \{i, j\} \subseteq V'\}$ であるものを,G の V' による**誘導部分グラフ** (induced subgraph) とよび,$G[V']$ と表記する.任意の $i \in V$ に対して,誘導部分グラフ $G[V - i]$ を単に $G - i$ と表記する.

同様に,グラフ $G = (V, E)$ と E の任意の部分集合 E' に対して,辺集合が E' で,頂点集合が E' の辺に接続する頂点全体 $V' = \{i \in V : \exists ij \in E'\}$ である部分グラフ $G = (V', E')$ を G の E' による**誘導部分グラフ** (induced subgraph) とよび,$G[E']$ と表記する.任意の $E' \subseteq E$ に対して,$G - E'$ は $E - E'$ が誘導する G の部分グラフを表すとする.逆に $E' \subseteq \binom{V}{2} - E$ に対して,$G + E'$ はグラフ $(V, E + E')$ を表すとする.また簡単のために,$G - \{e\}$ と $G + \{e\}$ をそれぞれ $G - e$ と $G + e$ と表記する.

空グラフ (empty graph, null graph) とは,辺をもたないグラフ G (すなわち $E(G) = \emptyset$) である.

パスグラフ (path graph) とは,$V = [n]$, $E = \{12, 23, 34, \ldots, (n-1)n\}$ であるグラフ $G = (V, E)$ と同型なグラフである.**サイクルグラフ** (cycle graph) とは,$V = [n]$, $E = \{12, 23, 34, \ldots, (n-1)n, n1\}$ であるグラフ $G = (V, E)$ と同型なグラフである.

　完全 (complete) グラフとは，異なる頂点のすべての組に対して辺が存在するグラフである．すなわち，位数が n である完全グラフはちょうど $n(n-1)/2$ 本の辺をもつ．もちろん，位数 n の任意の 2 つの完全グラフは同型であり，位数 n の完全グラフを K_n と表記する．図 6.12 参照．

　グラフ $G = (V, E)$ の頂点集合 V が V_1 と V_2 に分割でき，V_1 と V_2 の同じ集合内の頂点同士を結ぶ辺がないとき，G を **2 部** (bipartite) であるという．このような分割は **2 分割** (bipartition) とよばれる．2 部グラフは，2 分割を明記して $G = (V_1, V_2, E)$ と表記することがある．

問 6.1　　2 部グラフは長さが奇数であるサイクルを含まないことを証明しなさい．（実は，この性質「長さが奇数のサイクルを含まない」は十分条件でもあり，2 部グラフを特徴付ける．どのように十分性を証明するか．）

　完全 2 部グラフ (complete bipartite graph) とは，2 分割 (V_1, V_2) をもち，V_1 の任意の頂点と V_2 の任意の頂点が辺で結ばれているグラフである．$|V_1| = p$，$|V_2| = q$ である完全 2 部グラフを $K_{p,q}$ と表記する．図 6.12 参照．

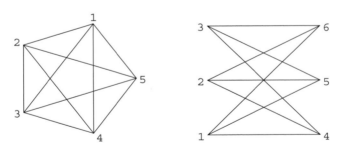

図 6.12　K_5 と $K_{3,3}$

　グラフ $G = (V, E)$ に関して，（**長さ** (length) k の）**歩道** (walk) とは，頂点と辺の交互列

$$(v_0, e_1, v_1, e_2, v_2, \ldots, v_{k-1}, e_k, v_k)$$

ですべての v_i が V に含まれ，各 e_i が v_{i-1} と v_i を結ぶ辺（すなわち $e_i = v_{i-1}v_i \in E$ $(i = 1, 2, \ldots, k)$）となるものである．頂点 v_0 と v_k は，この歩道の **始点** (origin) と **終点** (terminus) とよばれ，頂点 $v_1, \ldots, v_{k-1}$ は **中間点** (internal vertices)

とよばれる．また，歩道が v_0 と v_k を**連結** (connect) するという．$k > 0$ かつ $v_0 = v_k$ のとき，歩道は**閉** (closed) であるという．本書では平行辺を許していないので，歩道は単に頂点の列 $(v_0, v_1, v_2, \ldots, v_k)$ として表記できる．

小道 (trail) とは，辺が互いに異なる歩道（同じ頂点を複数回含むことは可）である．**パス** (path) とは，頂点が互いに異なる（よって辺も互いに異なる）歩道である．**サイクル** (cycle) とは，閉じたパスで始点と中間点が互いに異なるものである．

パスあるいはサイクルは，しばしばその頂点と辺が構成するグラフと同一視される．

グラフ G は，任意の頂点対 u, v に対し u と v を連結するパスが存在するとき，**連結** (connected) であるという．グラフ G の**連結成分** (connected component) とは，G の連結部分グラフ G' で極大な（すなわち G' を真に含む G の連結部分グラフが存在しない）ものである．

森 (forest) とはサイクルを含まないグラフであり，**木** (tree) とは連結な森である．グラフの**木**（**森**，**サイクル**など）とは，G の部分グラフで木（森，サイクルなど）となるものである．

命題 6.8 T を位数 n の木とする．このとき，以下の性質が成り立つ．
  (a) $n \geq 2$ のとき，T は少なくとも 2 つの葉を含む．
  (b) T はちょうど $n-1$ 本の辺を含む．
  (c) T の任意の 2 頂点間に一意的にパスが存在する．
  (d) 任意の辺 $f \in E(T)$ に対して，$T - f$ はちょうど 2 つの連結成分を含む．

証明 (a) を示す．$n \geq 2$ と仮定する．任意に頂点 v_0 を選び，v_0 に接続する任意の辺 e_1 を選ぶ．G は連結で $n \geq 2$ であるから，このような e_1 は存在する．v_1 を e_1 の別の端点とする．もし $\deg(v_1) \neq 1$ ならば，歩道 $(v_0, e_1, v_1, e_2, v_2)$ を構成するように列を拡大できる．この操作は，歩道 $P = (v_0, e_1, v_1, e_2, v_2, \ldots, e_k, v_k)$ の最後の頂点 v_k が葉でない限り継続でき，歩道を拡大できる．T はサイクルを含まないので，P は複数回現れる頂点を含まずパスとなる．V は有限なので，この列の構成は次数 1 の頂点で終了しなければならない．もし，$\deg(v_0) = 1$ ならば，主張は証明された．そうでないときは，同様の操作を v_0 に接続する他の

辺に対し適用するともう 1 つの次数 1 の頂点が求まる.

(b) を n に関する数学的帰納法で示す. $n = 1$ のときは主張は明らかである. $n \geq 2$ とし, n より小さい場合には (b) が正しいと仮定する. (a) から次数が 1 である頂点が存在する. この頂点と接続するちょうど 1 本の辺を除くことで, 位数が $n - 1$ の木が求まる. 数学的帰納法の仮定より, このグラフはちょうど $n - 2$ 本の辺をもつ. T には除いた 1 本の辺を含むので, T は $n - 1$ 本の辺を含む.

(c) と (d) は演習問題とする.   □

問 6.2 T を位数が n の連結グラフとする. 以下の主張が同値であることを証明しなさい.

(1) T は木である.

(2) T はちょうど $n - 1$ 本の辺を含む.

(3) 任意の $f \in E(T)$ 対し $T - f$ は連結でない.

任意のグラフ $G = (V, E)$ と任意の部分集合 $S \subseteq V$ に対して, S の頂点と $V - S$ の頂点を結ぶ辺全体を $\delta(S)$ と表記する. 辺集合 $\delta(S)$ は S に関する**カット** (cut set) とよばれる.

命題 6.8 の (c) と (d) からグラフの全域木に対する 2 種類の基本演算が得られる.

命題 6.9 T を連結グラフ G の全域木とし, f を T に含まれない辺とする. このとき, 以下が成り立つ.

(a) $T + f$ (辺 f を T に加えて得られるグラフ) はちょうど 1 つのサイクルを含む. このサイクルを T の f に関する**基本サイクル** (fundamental cycle) といい, $\mathrm{FC}_G(T, f)$ と表記する.

(b) $g \in E$ に対して, $T + f - g$ が全域木であるための必要十分条件は $g \in \mathrm{FC}_G(T, f)$ である.

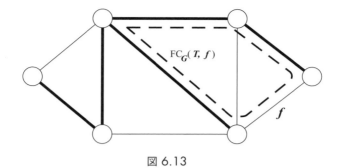

図 6.13

命題 6.10 T を連結グラフ G の全域木とし，g を T に含まれる辺とする．このとき，以下が成り立つ．

(a) $T - g$ はちょうど 2 つの連結成分を含み，これらはある $S \subset V$ に対し $T[S]$ と $T[V - S]$ となる．カット $\delta(S)$ を T の g に関する**基本カット** (fundamental cut) といい，$\mathrm{FC}_G^*(T, g)$ と表記する．

(b) $f \in E$ に対して，$T - g + f$ が全域木であるための必要十分条件は $f \in \mathrm{FC}_G^*(T, g)$ である．

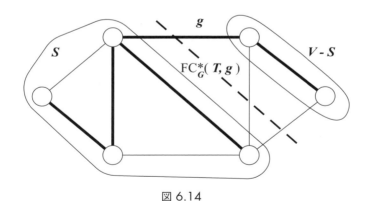

図 6.14

6.4 演習問題

▶ **演習問題 6.1 グラフの性質**

(a) 次の数列に対して，これらを頂点次数の列とする連結単純グラフを描くか，このようなグラフが存在しないことを証明しなさい．

- $(2, 2, 2, 2, 2)$,
- $(2, 1, 1, 1, 1)$,
- $(5, 2, 1, 1, 1)$,
- $(4, 4, 3, 3, 3)$.

(b) グラフ G の歩道 T は，G のすべての辺がちょうど1回 T に現れるときオイラー歩道とよばれる．連結グラフがオイラー歩道をもつための必要十分条件は奇数次数の頂点が高々2個であることを証明しなさい．

(c) 連結有向グラフがオイラー（有向）歩道をもつための特徴付けを頂点の入次数（その頂点を終点とする辺の本数）と出次数（その頂点を始点とする辺の本数）を用いて述べなさい（証明は不要）．

▶ **演習問題 6.2　最短路**

- Dijkstra アルゴリズム (Dijkstra's algorithm)：辺が非負の重みをもつグラフについて，1つの頂点 a から他のすべての頂点への最短路を求めるアルゴリズム．

  Dijkstra アルゴリズムはマーキングアルゴリズムである．アルゴリズムの実行中に，頂点 j は

  – a から j への最短路長の上界が得られているとき，"暫定的" とマークされ，

  – a から j への最短路が求まっているとき，"最終的" とマークされる．各反復において，ちょうど1つの暫定的とマークされた頂点が最終的とマークされる．アルゴリズムは高々 n 反復で終了する．

  a から j への最短路長の上界を表す d_j を導入する．辺重みは非負より $d_a = 0$ であるから，出発点 a を最初に最終的とマークする．a と隣接するすべての頂点 $S(a)$ を暫定的とマークし，

$$d_j := c_{aj} \quad (j \in S(a))$$
$$d_j := \infty \quad (j \notin \{S(a) \cup a\})$$

とする．

　各反復で次のことを実行する：マークが暫定的で d_j が最小の頂点を選

び，それを最終的とマークする．k をこの最終的とマークされた頂点とする．k に隣接し，最終的とはマークされていない各頂点 j に対して d_j を $\min\{d_j, d_k + c_{kj}\}$ に置き換える（c_{kj} は辺 kj の重み）．すなわち，j の直前の頂点が k であるパスの長さが d_j を更新するかどうか確認する．

最終的とマークされたすべての頂点 j に対し d_j が a から j への最短路長であることが数学的帰納法により簡単に示せる．

- **行列積アルゴリズム** (Matrix multiplication algorithm)：グラフの任意の頂点間の高々 m 本の辺からなる最短路長を求めるアルゴリズム．

    行列 A と B に対して演算 $\otimes$ を次のように定める．ただし，行列のサイズは演算が適用可能（A の列数 $= B$ の行数）とする．

$$A \otimes B = (p_{ij})_{ij}, \qquad p_{ij} = \min_k \{a_{ik} + b_{kj}\}.$$

この演算は結合則を満たし，正方行列 A に対して $A^{(1)} := A$，$A^{(m)} := A \otimes A^{(m-1)}$ と定める．

    u_{ij} を頂点 i から j への弧の長さ（i から j への弧がないときは $u_{ij} = \infty$）とした行列 $U = (u_{ij})$ を考える．$U^{(m)}$ の成分 $u_{ij}^{(m)}$ は，i から j への弧数が高々 m である最短路の長さであることを示すのは難しくない．

次の有向グラフ D を考える．

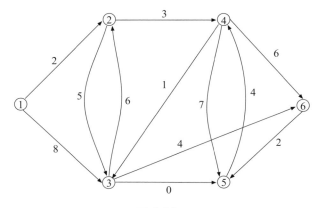

図 6.15

(a) Dijkstra アルゴリズムを用いて頂点 1 から 6 への D における最短路を求めなさい.

(b) 行列積アルゴリズムを用いて D の任意の頂点間の最短路を求めなさい. このアルゴリズムの終了条件は何か. このアルゴリズムが必要とする行列演算 $\otimes$ の最小回数はいくつか.

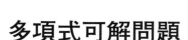

第 7 章

多項式可解問題

　6.1 節の最初に挙げた簡単な問題はクラス P に属する，すなわち，それらすべてに対して多項式アルゴリズム（＝効率的アルゴリズム）が存在する．既知の多項式アルゴリズムは，対象にする問題に特化したもので，それぞれ互いに異なるように見える．本章の目的は，これらの問題のいくつかについて最適性の簡潔な証拠を与えることである．すべての効率的アルゴリズムはある意味で同じであり，これらはすべて最適解とその簡潔な証拠を多項式時間で求める．

7.1　最小全域木問題

　最小全域木問題 (minimum spanning tree (MST) problem) とは，辺に重み $w(e)$ $(e \in E)$ が付いた所与のグラフ $G = (V, E)$ に対して，最小全域木，すなわち，全域木 T^* で総重み $w(T) = \sum_{e \in T} w(e)$ を最小化するものを求める問題である（木は辺の部分集合として表現する）．

　この問題は，明らかに NP に属する．次の定理はこの問題が co-NP に属することを示すのみならず，単純なアルゴリズムを示唆するとともに多くのアルゴリズムの正当性を与える．

　全域木 $T \subseteq E$，$f \in E \setminus T$ と $g \in \mathrm{FC}_G(T, f)$ に対して，T から $T' = T + f - g$ への置換えを**フリップ** (flip operation) とよぶ．$w(T') < w(T)$ のとき**改善** (improving) フリップという．

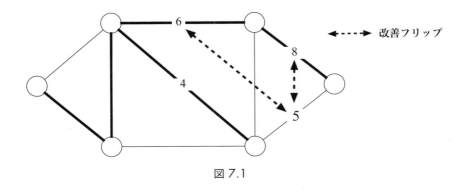

図 7.1

証明　最適ならば改善フリップがないことを示すのは簡単である. 逆を示す. 簡単のためにすべての重みは異なるとする. T を改善フリップが存在しない全域木とし, さらに最適ではないと仮定する. T^* を任意の最小全域木とする. 共通する辺は縮約することで, 一般性を失うことなく, $T \cap T^* = \emptyset$ と仮定できる. f を最小重みの辺とすると, 明らかに $f \in T^*$ である. このとき, T, f, $g \in \mathrm{FC}_G(T, f)$ に関するフリップは改善フリップとなり矛盾する.　　□

　この定理は, 以下のアルゴリズムが最小全域木を正しく求めることを直ちに導く.

- フリップアルゴリズム (Flip Algorithm)

  任意の全域木 $G(T)$ からスタートし, 改善フリップがなくなるまで繰り返す.

- 貪欲法 (Greedy Algorithm)

  - Kruskal のアルゴリズム (Kruskal's Algorithm)

    森 $G(T) = (V, \emptyset)$ からスタートし, 最小重みの辺 $e \in E \backslash T$ で T に加えてもサイクルを作らないものを T に加えることを繰り返す.

  - Prim のアルゴリズム (Prim's Algorithm)

    1 点からなる木 $G(T) = (\{v\}, \emptyset)$ からスタートし, 最小重みの辺 $e \in E \backslash T$ で T に加えてもサイクルを作らず連結性を保存するものを T に加えること

を繰り返す.

どちらの貪欲法も $(n-1)$ 反復で終了する.これらのアルゴリズムについて洗練されたデータ構造を利用する効率的な実装方法があるが,多くのデータ構造に関する著書ではこの話題を扱っているので参照してほしい.

拡張について

貪欲法でより一般的な問題を解くことができる.その1つが最小重み基底問題である.

与えられた $m \times E$ 行列 A と重み $w(e)$ $(e \in E)$ に対して,$A._B$ が A の基底となる $B \subseteq E$(すなわち $A._B$ が正則)で重み $w(B) := \sum_{e \in B} w(e)$ を基底の中で最小とするものを求める問題である.

マトロイドにおける貪欲法により解ける問題群があり,この問題もその1つである.マトロイドとは線形独立性／従属性の組合せ的抽象化である.

7.2 2部完全マッチング問題

グラフ $G = (V, E)$ の**マッチング** (matching) とは,E の部分集合 M で G の各頂点が M の高々1つの辺の端点であるものである.M の辺の端点は M に**飽和** (saturated) されるという.すべての頂点を飽和するマッチングを**完全** (perfect) マッチングという.

2部完全マッチング問題 (bipartite perfect matching problem) とは,与えられた2部グラフ $G = (V_1, V_2, E)$ に対して,G の完全マッチング M を求める問題である.

定理 7.2 (Hall の定理 (Hall's Theorem)**)** V_1 のすべての頂点を飽和するマッチングが存在するための必要十分条件は

$$|N(S)| \geq |S| \qquad (\forall S \subseteq V_1) \tag{7.1}$$

が成り立つことである.ここで,$N(S) = \{v \in V_2 : v$ は S の頂点と隣接 $\}$ で,S の**近傍** (neighbor set) という.

証明　V_1 のすべての頂点を飽和するマッチングが存在するならば，S の頂点のマッチングの相手は $N(S)$ に含まれるので，(7.1) が成立しなければならない．

　逆向きを証明するために，任意の 2 部グラフ G に対して V_1 のすべての頂点を飽和するマッチングあるいは (7.1) を満たさない $S \subseteq V_1$ を求める有限終了アルゴリズムを与える．

　このアルゴリズムの各反復では，任意のマッチング M とこれに飽和されない頂点 $v \in V_1$ からスタートする．初期状態では $M = \emptyset$ とする．このアルゴリズムは v を飽和するように M を増加させることを試みる．このために，v を始点として木 T を成長させる．

(0) $S = S_1 = \{v\}$, $T = (S, \emptyset)$, $S_2 = \emptyset$ とする（$S_1 \subseteq V_1$ と $S_2 \subseteq V_2$ を保存する）．

(1) $W_2 = N(S_1) \backslash S_2$ とし，S_1 と W_2 を結ぶ辺を T が木であることを保存するように T に加える．もし $W_2 = \emptyset$ ならば集合 S は (7.1) を満たさず終了．図 7.2 参照．

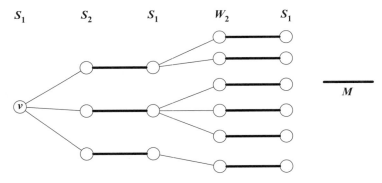

図 7.2　場合 (1)：(7.1) を満たさない $S = \cup S_1$ が求まる

(2) もし W_2 が M に飽和されない頂点 w を含むならば，v から w への M 以外の辺と M の辺を交互に含むパスを求める．これは，M の辺とそれ以外の辺をこのパス上で入れ替えることで M を増加でき，新しいマッチングは v を飽和する．図 7.3 参照．

(3) それ以外のとき W_2 のすべての頂点は（M に飽和され）M の相手をもち，相手全体を新たな S_1 とする．S_1 を S に加え，W_2 を S_2 に加え，W_2 に接続する M の辺と S_1 を木 T に加える．(1) から繰り返す．

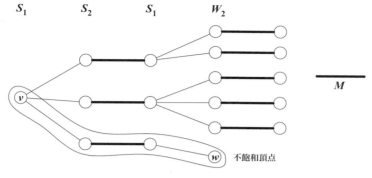

図 7.3 場合 (2)：増加パスが求まる

7.3 割当問題

割当問題 (assignment problem) とは，与えられた $n \times n$ 行列 $W = (w_{ij})$ に対して，各行と各列で重ならないように n 個の成分を和が最大化（あるいは最小化）するように選ぶ問題である.

これは，$|V_1| = |V_2| = n$ である重み付き完全 2 部グラフ $G = (V_1, V_2, E)$ に対して，総重み最大の完全マッチング $M \subseteq E$ を求める問題と等価である.

割当問題の整数計画問題としての定式化

$X = (x_{ij})$ を $n \times n$ 変数行列とする．あるいは X をサイズ $n \times n$ のベクトルとみなすこともできる．各変数 x_{ij} の意味は，

$$x_{ij} = \begin{cases} 1 & ((i,j) \text{ 成分が選ばれる}) \\ 0 & ((i,j) \text{ 成分が選ばれない}) \end{cases}$$

である.

$$
\begin{aligned}
\text{(IP-A)} \quad \text{最大化} \quad & w(X) := \sum_{i,j} w_{ij} x_{ij} \\
\text{制　約} \quad & \sum_{j=1}^{n} x_{ij} = 1 \qquad (i = 1, \ldots, n) \\
& \sum_{i=1}^{n} x_{ij} = 1 \qquad (j = 1, \ldots, n) \\
& x_{ij} \in \{0, 1\} \qquad (i, j = 1, \ldots, n).
\end{aligned}
$$

これは割当問題の整数計画問題としての定式化である．(IP-A) の実行可能解は割当と等価である，なぜならば任意の実行可能解 X は各行各列でちょうど1つの成分を選び，逆にこのような X は (IP-A) の実行可能解である．

　一般に整数計画問題は解くのが難しい．しかしいくつかの整数計画問題は，効率的に最適解を求めるための助けとなる良い構造を有する．上記の整数計画問題は幸運にもこのタイプである．実際に上記の整数計画問題は，整数制約 $x_{ij} \in \{0,1\}$ を $x_{ij} \geq 0$ と置き換えた線形計画問題と本質的に等価である．正確には，以下のようになる．

$$
\begin{aligned}
\text{(LP-A)} \quad \text{最大化} \quad & w(X) := \sum_{i,j} w_{ij} x_{ij} \\
\text{制　約} \quad & \sum_{j=1}^{n} x_{ij} = 1 \qquad (i = 1, \ldots, n) \\
& \sum_{i=1}^{n} x_{ij} = 1 \qquad (j = 1, \ldots, n) \\
& x_{ij} \geq 0 \qquad (i, j = 1, \ldots, n)
\end{aligned}
$$

　(LP-A) は制約が少なくなったので，その最適値は (IP-A) の最適値以上である．重要な事実は，次の定理である．

定理 7.3　線形計画問題 (LP-A) は整数最適解をもつ．よって，(LP-A) と (IP-A) の最適値は等しい．

演習：定理 7.3 を初等的な議論を用いて証明しなさい．正確には，(LP-A) の与えられた分数解 X に対して，X と同等以上の整数実行可能解 $\tilde{X}$，すなわち，

$w(\tilde{X}) \geq w(X)$ を満たす $\tilde{X}$ を求めるアルゴリズムを作りなさい．また，それは多項式アルゴリズムか．

以上より，次がいえる．

註 7.4　割当問題は (LP-A) に適用した線形計画問題用アルゴリズムと整数化で解くことができる．さらにこの場合はピボットアルゴリズムが整数解を求める（定理 7.6 参照）．

最適性の証拠

割当問題に対して，**ハンガリアン法** (Hungarian method) として知られる直接的解法がある．これは多項式アルゴリズムで実用的にも効率が良い．割当問題に対して単体法は効率的に働くが，さらに効率的なアルゴリズムが必要ならばハンガリアン法を選ぶべきである．ハンガリアン法は，強双対定理（定理 2.3）を (LP-A) に適用したときの証拠と同一の最適性の証拠を利用する．

定理 7.5　割当 $X^* = (x_{ij}^*)$ が最適であるための必要十分条件は 2 つのベクトル $u \in \mathbb{R}^n$ と $v \in \mathbb{R}^n$ が存在し，

$$u_i + v_j \geq w_{ij} \qquad (i, j = 1, 2, \ldots, n) \tag{7.2}$$

$$w(X^*) = \sum_i u_i + \sum_j v_j \tag{7.3}$$

を満たすことである．

線形計画問題の最適性の証拠と同様に，同値性の一方の証明は簡単で逆は非自明である．すなわち，条件 (7.2) と (7.3) を満たすベクトル $u \in \mathbb{R}^n$ と $v \in \mathbb{R}^n$ が存在するならば，任意の割当 $X = (x_{ij})$ に対し

$$w(X) = \sum_i \sum_j w_{ij} x_{ij} \leq \sum_i \sum_j (u_i + v_j) x_{ij}$$

$$= \sum_i \left(u_i \sum_j x_{ij} \right) + \sum_j \left(v_j \sum_i x_{ij} \right) \tag{7.4}$$

$$= \sum_i u_i + \sum_j v_j$$

$$= w(X^*)$$

を得る．これは，X^* が最適割当であることを意味する．

定理 7.3 は，以下の幾何的な定理と等価である（ここで等価とは，互いに簡単に還元できることを意味する）．

> **定理 7.6**　(LP-A) の実行可能領域
>
> $$\Omega = \{ X \in \mathbb{R}^{n \times n} : X \text{ が (LP-A) の制約を満たす} \}$$
>
> の任意の端点は整数ベクトルである（このような有界凸多面体は**整数的** (integral) であるという）．

点 $X \in \Omega$ が Ω のその他の点 X^1 と X^2 を結ぶ線分に含まれないとき，X は Ω の端点であることを思い出そう．5.5.3 項で示したように，単体法のようなピボットアルゴリズムは常に端点最適解を求める（4.4.3 項参照）．

定理 7.6 はさらに一般的な完全単模行列に関する定理の特殊な場合である．ここで，**完全単模** (totally unimodular) 行列とは，任意の小行列式[1] が 0 か 1 か -1 となる行列である．

> **定理 7.7**　任意の完全単模行列 $A \in \mathbb{Z}^{m \times d}$ と任意の整数ベクトル $b \in \mathbb{Z}^m$ に対して，実行可能領域
>
> $$\Omega(A, b) = \{ x \in \mathbb{R}^d : Ax = b,\ x \geq \mathbf{0} \}$$
>
> は整数的である．

証明（概要）　これは任意の端点が初等的であることから導かれる（5.5.3 項参照）．

---

[1] 小行列式 (subdeterminant) とは A の正方小行列の行列式のことである．

このことより端点は，A の列添字のある分割 (B, N) に対し，部分系 $A._B x_B = b$，$x_N = \mathbf{0}$ の一意的解である．完全単模性とクラメールの公式より結果が得られる．

$\square$

定理 7.6 が特殊な場合であることを見るためには，行列 X を次元が $n \times n$ のベクトル $x = (x_{11}, x_{12}, \ldots, x_{1n}, x_{21}, \ldots, \ldots, x_{nn})^\top$ とみなし，(LP-A) の係数行列を A とする．この行列 A は，行が各頂点に対応し，列が各辺に対応する接続行列 (incidence matrix) とよばれるグラフを表現する行列で，2 部グラフの接続行列は完全単模であることが簡単に証明できる．小行列のサイズに関する数学的帰納法で証明を考えて欲しい．

割当問題については，ハンガリアン法として知られる $O(n^3)$ 時間アルゴリズムが存在する．これは，一般的には多項式時間でない線形計画問題用のアルゴリズムには依存しない組合せ的手法である．

7.4　最適マッチング問題

最適マッチング問題 (optimal matching problem) とは，辺に重み w_{ij} $((i, j) \in E)$ が付いた所与のグラフ $G = (V, E)$ に対して，総重みを最大化するマッチング M を求める問題である．

最適完全マッチング問題も同様に定義できる．これは，最適マッチング問題よりも難しいだろうか．実際，これらは本質的に等価である．最適完全マッチング問題を最適マッチング問題のアルゴリズムを用いてどのように解けるだろうか（演習問題とする）．この等価性より，最適マッチング問題だけを考える．

最適マッチング問題の整数計画問題としての定式化

マッチングを表現するために，各 $(i, j) \in E$ に対する変数 x_{ij} を導入する．各変数 x_{ij} の意味は，

$$x_{ij} = \begin{cases} 1 & ((i, j) \text{ がマッチングの辺}) \\ 0 & (\text{その他}) \end{cases}$$

である．

$$
\begin{aligned}
\text{(IP-M)} \quad \text{最大化} \quad & w(x) := \sum_{(i,j) \in E} w_{ij} x_{ij} \\
\text{制　約} \quad & \sum_{j:(i,j) \in E} x_{ij} \leq 1 \qquad (i \in V) \\
& x_{ij} \in \{0,1\} \quad ((i,j) \in E).
\end{aligned}
$$

これは最適マッチング問題の整数計画問題としての定式化である．(IP-M) の実行可能解はマッチングと同一である．

$$
\begin{aligned}
\text{(LP-M)} \quad \text{最大化} \quad & w(x) := \sum_{(i,j) \in E} w_{ij} x_{ij} \\
\text{制　約} \quad & \sum_{j:(i,j) \in E} x_{ij} \leq 1 \qquad (i \in V) \\
& x_{ij} \geq 0 \qquad ((i,j) \in E).
\end{aligned}
$$

この線形緩和は，7.3 節で与えた割当問題の線形緩和 (LP-A) ほど良くはない．なぜか．理由は定理 7.3 に対応する主張が真ではないからである．

小さな例

　次のグラフを考える．これは辺の重みがすべて 1 である三角形である．明らかに 2 本の辺はマッチングをなさず，1 本の辺のみが重み 1 の最適マッチングである．

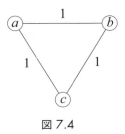

図 7.4

　一方，線形緩和 (LP-M) はより良い解をもつ．すなわち，$(x_{ab}, x_{bc}, x_{ac}) = (1/2, 1/2, 1/2)$ はすべての制約式

$$
x_{ab} + x_{ac} \leq 1
$$

$$x_{ab} + x_{bc} \leq 1$$

$$x_{ac} + x_{bc} \leq 1$$

$$x_{ac}, x_{bc}, x_{ac} \geq 0$$

を満たすので実行可能である. この分数解は重み 1.5 をもち, (LP-M) の最適解であることも示せる (なぜか).

分数解をどのように切除するか

この例は線形緩和 (LP-M) が最適マッチング問題を解くには有効でないことを示している. Edmonds は, 必要最小限の追加制約のクラスを示した. アイデアはこの小さな例の中にある. 3 頂点あるので, x がマッチングを表すならば辺に対応した変数の総和は 1 より大きくはできない.

一般には, 要素数が奇数 $2k+1$ である頂点の集合 S について, マッチングを表すベクトル x は不等式

$$\sum_{i,j \in S: (i,j) \in E} x_{ij} \leq k$$

を満たさなければならない. このような S を奇数集合とよぶ.

この主張は, 最適マッチング問題の適切な線形緩和を導く.

(LP-M2)　最大化　$w(x) := \displaystyle\sum_{(i,j) \in E} w_{ij} x_{ij}$

　　　　　制　約　$\displaystyle\sum_{j:(i,j) \in E} x_{ij} \leq 1 \qquad (i \in V)$

　　　　　　　　　$\displaystyle\sum_{i,j \in S:(i,j) \in E} x_{ij} \leq \frac{|S|-1}{2} \qquad (奇数集合 S \subseteq V)$

　　　　　　　　　$x_{ij} \geq 0 \qquad ((i,j) \in E).$

定理 7.8　(IP-M) と (LP-M2) の最適値は一致する. すなわち, 線形計画問題 (LP-M2) は整数最適解をもつ.

最適性の証拠

定理7.9　　マッチング $x^* = (x^*_{ij})$ が最適であるための必要十分条件は目的関数値が $w(x^*)$ と一致する (LP-M2) の双対実行可能解が存在する.

　Edmonds は, **花アルゴリズム** (Blossom Algorithm) として知られる, 最適マッチング問題に対する多項式アルゴリズムを発明した. このアルゴリズムは, 最適マッチングと証拠となる双対実行可能解を多項式時間で求める. 割当問題とは異なり, 単体法を線形緩和 (LP-M2) に適用してはいけない, なぜならば多くの (n に関する指数的な) 奇数集合不等式があり, そのため双対変数も膨大な個数となる. Edmonds のアルゴリズムは, 一度に扱うこれらの不等式集合を少数に留め, 必要に応じて不等式集合を更新する. 幸運なことに, 非ゼロである変数の個数が多項式で抑えられる双対最適解の存在を示すことが可能である.

　整数的多面体の不等式系が未知のときであっても, 線形緩和を利用することは強力な技術である. ここでは, 組合せ最適化に対する一般的なアプローチを紹介する.

(a) 組合せ最適化問題を整数計画問題として, 実行可能解同士が対応するように定式化する；

(b) 整数計画問題を線形計画問題として緩和する；

(c) この線形計画問題を単体法あるいは端点最適解を求めるアルゴリズムで解く；

(d) もし線形計画問題の最適解が整数的ならば, それは元の問題の最適解である；

(e) そうでないならば, この分数端点解を切除し, どの整数実行可能解も切除しない制約の追加を試みる；(c) に戻る.

　この技法は, 組合せ最適化問題に対する**切除平面法** (cutting plane technique) として知られ, 分枝限定法と組み合せることで巡回セールスマン問題のような大規模困難最適化問題を解くために利用されてきた. これについては, 第 8 章で議論する.

7.5 最大流問題

有向グラフ $G = (V, E)$，各弧 $(i, j) \in E$ に対する容量 b_{ij}，始点 $s \in V$ と終点 $t \in V$ が与えられたとする．容量 (i, j) は単位時間あたりの流れの上限を意味する．最大流問題 (maximum flow problem) は始点から終点までの実行可能流で，始点から出る総流出量（この流れの値という）を最大化するものを求める問題である．実行可能流とは，各弧 (i, j) に対して向きに沿ったもの（すなわち非負の値）で，容量 b_{ij} を超えないもので，s と t 以外の頂点では流入量と流出量が等しいという流量保存則 (conservation law) を満たすものである．

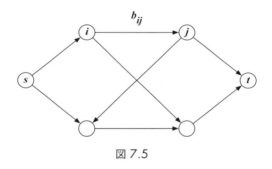

図 7.5

最大流問題の線形計画問題としての定式化

x_{ij} を弧 (i, j) の流量とし，v を実行可能流 x の値とすると最大流問題は以下のように線形計画問題として定式化される．

$$
\begin{aligned}
&\text{最大化} \quad v \\
&\text{制 約} \quad \sum_{j:(j,i)\in E} x_{ji} - \sum_{j:(i,j)\in E} x_{ij} =
\begin{cases}
-v & (i = s) \\
0 & (i \neq s, t) \\
v & (i = t)
\end{cases} \\
&\qquad\qquad 0 \le x_{ij} \le b_{ij} \quad ((i, j) \in E).
\end{aligned}
$$

もしすべての b_{ij} が整数ならば，整数最適解が存在する．割当問題に関する主張（定理 7.3）に対する初等的な議論と同様にしてこの事実を証明できる．実際に上記の条件下では最大流問題の実行可能領域のすべての端点解は整数的で

あり，単体法が整数最適解を求める．

最大流問題に対する単純で直接的な解法があり，これらは単体法よりも効率的である．

最適性の証拠

頂点集合 V の分割 $(S, \overline{S} = V \backslash S)$ を，$s \in S$ かつ $t \in \overline{S}$ であるとき (s,t) カット ((s,t)-cut) という．(s,t) カット $(S, \overline{S})$ の値 $w(S, \overline{S})$ を S から $\overline{S}$ に向かう弧の容量の総和，すなわち，

$$w(S, \overline{S}) = \sum_{\substack{i \in S,\ j \in \overline{S} \\ (i,j) \in E}} b_{ij}$$

と定義する．任意の実行可能流の値 v と任意の (s,t) カットの値 w について $v \le w$ が成立することは簡単に示せる．次の定理は最大流と最小カットの組では等号が成り立つことを主張する．

定理 7.10　（最大流最小カット定理） 値 v^* をもつ実行可能流 $x^* = (x_{ij}^*)$ が最適であるための必要十分条件は同じ値をもつ (s,t) カットが存在することである．

7.6　最小費用流問題

有向グラフ $G = (V, E)$，各弧 $(i,j) \in E$ に対する重み（費用）c_{ij}，各弧 $(i,j) \in E$ に対する容量 b_{ij} と各頂点 i の需要 s_i が与えられたとする．もし $s_i < 0$ ならば i は供給量 $-s_i$ を有する供給点とみなす．ここで，弧 $(i,j) \in E$ の費用 c_{ij} は，単位流量あたりの費用を意味する．最小費用流問題 (minimum cost flow problem) は，各頂点の需要を満たす総費用が最小の実行可能流を求める問題である．

最小費用流問題の線形計画問題としての定式化

x_{ij} を弧 (i,j) の流量すると最小費用流問題は以下のように線形計画問題として定式化される．

$$
\begin{aligned}
\text{最大化} \quad & \sum_{(i,j)\in E} c_{ij} x_{ij} \\
\text{制約} \quad & \sum_{j:(j,i)\in E} x_{ji} - \sum_{j:(i,j)\in E} x_{ij} = s_i \quad (i \in V) \\
& 0 \le x_{ij} \le b_{ij} \quad ((i,j) \in E).
\end{aligned}
$$

この問題は最大流問題よりも一般的である（なぜか）.

すべての b_{ij} とすべての s_i が整数でかつこの問題が最適解をもつとき，整数最適解をもつ．割当問題に関する主張（定理 7.3）に対する初等的な議論と同様にしてこの事実を証明できる．実際に上記の条件下では最小費用流問題の実行可能領域のすべての端点解は整数的であり，単体法が整数最適解を求める．

最適性の証拠

最小費用流問題は特殊な構造をもった線形計画問題である．そのため，最適性の証拠として双対最適解（定理 2.3）を適用できる．

最小費用流問題に対しては直接的な多項式アルゴリズムが存在し，これらは単体法よりも効率的である．さらにこの問題に対しては**強多項式**アルゴリズム（[24] など参照）も存在する．強多項式アルゴリズムとは，初等的演算の回数が頂点数と辺数に関する多項式で上から抑えられるものである（すなわち，b_{ij}, c_{ij}, s_i という数値の入力長には依存しない）．これらの解法の実用性は不明であるが，一般の線形計画問題に対しては強多項式アルゴリズムが知られていないことと比較してこの存在は顕著である．

7.6.1 演習（小さなネットワーク流問題）

6 都市 a, b, c, d, e, f がパイプラインで結ばれている．容量（kL/秒）と費用（ユーロ/kL）は下図のように与えられている.

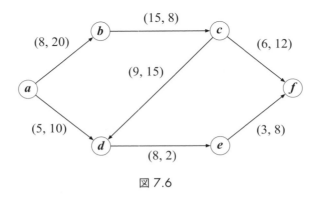

図 7.6

ここで，(p, q) は費用 p と容量 q を示している．

最大流問題としてのモデル化

上記の状況で，都市 a から都市 f への流量をどのように最大化するか．a と f 以外の都市では流量保存則が成り立つことを仮定する．

最小費用流問題としてのモデル化

各都市の需要は下表の通りとする．需要を満たす最小費用流をどのように求めるか．

都市	a	b	c	d	e	f
需要	-20	-4	0	6	8	10

7.7   演習問題

▶ **演習問題 7.1   最小重み全域木** (Minimum-Weight Spanning Tree)   連結グラフ G のすべての全域木の集合を $\mathcal{B}$ とする．

(a) 任意の $T, T' \in \mathcal{B}$ と任意の $g \in T' \setminus T$ に対して，$T - f + g \in \mathcal{B}$ かつ $T' - g + f \in \mathcal{B}$ である $f \in T \setminus T'$ が存在することを示しなさい．

(b) (a) を用いて，重みに関する仮定をせずに定理 7.1 を証明しなさい．

▶ **演習問題 7.2   割当問題** (Assignment Problem)   割当問題が 0/1 変数をもつ整数計画問題として定式化できることを見てきた．この線形緩和の実行可能

領域 P は

$$P = \{x \in \mathbb{R}^n \; : \; Ax = b, x \geq \mathbf{0}\}$$

という形に書ける．このとき，A の成分は 0/1 という特殊なもので，b はすべての成分が 1 であるベクトルである．

(a) 行列 A が完全単模行列であること，すなわちすべての正方小行列の行列式が 0，1 あるいは -1 であることを示しなさい．

(b) (a) を用いて P が整数的であることを示しなさい．

▶ **演習問題 7.3　ツェルマットスキーリゾートでの最適休暇**　下図はツェルマットスキーリゾートの略図である．黒か赤で描かれた各辺の数値は，（仮想的な）スキーヤー JCKilly がリフト／ロープウェイ／鉄道あるいはゲレンデの滑走で要する時間（分単位）である．

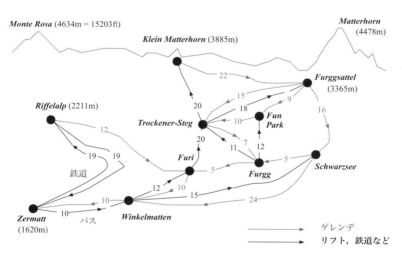

図 7.7　（単純化した）ツェルマットスキーリゾート（図 0.1（iv ページ）をモノクロで再掲）

(a) JCKilly はツェルマットからスタートして 4 時間ですべてのゲレンデを通って元に戻れるか．

(b) このタイプの大規模問題を解く一般的な方法を記述しなさい．

　　（ヒント：有向グラフがオイラーであるとは，連結ですべての頂点で入次数と出次数が等しいことである．すべてのオイラーグラフはオイラー

閉路，すべての辺をちょうど 1 回通る巡回路を含む．ここでの問題は赤い辺のグラフがオイラーではないことである．）

▶ **演習問題 7.4　最適完全マッチング問題 (Optimal Perfect Matching Problem)**　$G(V_1, V_2, E)$ を 2 部グラフとする．さらに最大流問題を解くアルゴリズムが用意されていると仮定する．このアルゴリズムを G の最大マッチングを求めることにどのように利用できるか．

▶ **演習問題 7.5　最大流最小カット (Max-Flow Min-Cut)**　下図は，各弧に数値の組 $x_{i,j}/b_{i,j}$ が付された有向グラフ $D = (V, A)$ を表す．第 1 の数値 $x_{i,j}$ は流量関数 $x : A \to \mathbb{R}_{\geq 0}$ の弧 (i, j) の値を表し，第 2 の $b_{i,j}$ は弧 (i, j) の容量を表す．

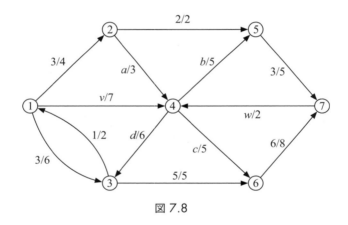

図 7.8

(a) D において，1 から 7 への実行可能流 x が存在するための $v, w \in \mathbb{R}$ の可能な範囲を計算しなさい．また，x の値を v と w の関数として定めなさい．

(b) $v = 4$ と $w = 0$ とする．最大流最小カット定理を用いて，x が D における 1 から 7 への最大流であるか判定しなさい．

第 8 章

しらみつぶし探索と分枝限定法

8.1 分枝限定法

巡回セールスマン問題，ナップサック問題，3 次元割当問題といった NP 完全な最適化問題は，最適性の簡潔な証拠が知られていないという意味で似ている．この事実は，少なくとも実用面において（おそらく同様に理論面においても）実行可能解 x^* の最適性を示すために，入力長の多項式では抑えられない証明に依存しなければならないことを暗示している．概して，このような証明はすべての実行可能解を列挙することで最適性を示すという直接的なものである．

分枝限定法は，主に NP 完全あるいはそれより難しい最適化問題を解くためのアルゴリズムの汎用的な方針で，既に求めた実行可能解と簡単な推論を用いて実行可能解の不要な列挙をある程度避けるというものである．このアイデアを説明するためにナップサック問題の簡単な例を見るのがよいだろう．

ナップサック問題 (Knapsack Problem) とは，n 個の物がそれぞれ正の価値 $c_1, c_2, \ldots, c_n$ と正の重量 $w_1, w_2, \ldots, w_n$ をもつとき，総重量が与えられた重量制限 b 以下で価値の総和を最大にするように物を選ぶ問題である．

例：以下のような価値と重量をもつ 5 個の物と重量制限の場合を考える．

j	1	2	3	4	5	
c_j	10	80	40	30	22	
w_j	1	9	5	4	3	$(\leq b = 13)$

整数計画問題としての定式化：

(P)   最大化 $f(x) := 10x_1 + 80x_2 + 40x_3 + 30x_4 + 22x_5$

制   約

$E:$ $x_1 + 9x_2 + 5x_3 + 4x_4 + 3x_5 \leq 13$

$E_I:$ $x_1, x_2, x_3, x_4, x_5 \in \{0, 1\}$

分枝限定法の基本的な 2 つの条件

最適化問題 P に対する分枝限定法を定義するには，以下の 2 つの条件が必要（かつ十分）である：

(a) **問題の分解性**：与えられた問題 P が 2 つあるいはそれ以上の部分問題 $P_1, \ldots, P_k$ に簡単に分解でき，かつこれらの部分問題を解き，部分問題の最適解の中で最良のものを選ぶことで P の最適解が求まる．特に，最適値を ov と表記したとき

$$\mathrm{ov}(P) = \max\{\mathrm{ov}(P_1), \mathrm{ov}(P_2), \ldots, \mathrm{ov}(P_k)\}$$

が成り立つ．この問題を分解する操作を**分枝操作**という．

(b) **下界値と上界値の計算の容易性**：最適値 $\mathrm{ov}(P)$ の下界値 $\mathrm{LB}(P)$ と上界値 $\mathrm{UB}(P)$ が容易に計算でき，このことは部分問題についても同様に成り立つ．

ナップサック問題の場合を考える．

(a) ナップサック問題は，ある変数，例えば x_3 をそれぞれ 0 と 1 に固定することで得られる 2 つの部分問題 $P_1 = P|_{x_3=0}$ と $P_2 = P|_{x_3=1}$ に容易に分枝できる．

(b) 下界値の計算では，自明な下界 0 が利用できるが，**発見的探索**により，さらに良い下界値を得られる．例えば，物をこれ以上追加できなくなるまで 1 つずつ追加していくことで下界値が得られる．このとき物の優先順位の工夫は下界値の改善に役立つ．

上界値の計算では，線形緩和が利用できる．線形緩和の最適値は，$\mathrm{ov}(P)$ の上界値である．

線形緩和

各変数の条件 $x_j \in \{0, 1\}$ $(j = 1, 2, 3, 4, 5)$ を $0 \leq x_j \leq 1$ に緩和することで

次の線形緩和問題が得られる.

(LP-P)　最大化　$f(x) := 10x_1 + 80x_2 + 40x_3 + 30x_4 + 22x_5$

制　約

$E:$　　$x_1 + 9x_2 + 5x_3 + 4x_4 + 3x_5 \leq 13$

$E_1:$　$x_1 \leq 1$

$E_2:$　$x_2 \leq 1$

$E_3:$　$x_3 \leq 1$

$E_4:$　$x_4 \leq 1$

$E_5:$　$x_5 \leq 1$

$E_0:$　$x_1, x_2, x_3, x_4, x_5 \geq 0.$

もしこの線形計画問題が整数最適解をもつならば，これは元問題の最適解である．ただし，この状況は一般的には起こらない.

変数は効率性 $\frac{c_j}{w_j}$ に従って

$$\frac{10}{1} > \frac{80}{9} > \frac{40}{5} > \frac{30}{4} > \frac{22}{3}$$

のように既に整列されている．物 $1, 2, \ldots$ を順番にナップサックに詰めていき詰められない物があったらやめることで，整数実行可能解

$$x^I(P) = (1, 1, 0, 0, 0), \qquad 価値 = 10 + 80 = 90$$

を得る．さらに，入らない物 3 を最良に分割することで実行可能解

$$x^L(P) = (1, 1, 3/5, 0, 0), \qquad 価値 = 90 + 40 \times 3/5 = 114$$

を得る．これは線形緩和問題 (LP-P) の最適解であることを示せる.

命題 8.1　上記のアルゴリズムで得られた解 $x^L(P)$ は，(LP-P) の最適解である.

残りの議論では，下界値と上界値を定める関数を以下のように固定する:

$$\mathrm{LB}(P) = f(x^I(P)),$$

$$\text{UB}(P) = f(x^L(P)).$$

分枝限定木

　分枝限定法は，動的に構築される木 T の**根**に対応する元問題 P からスタートする．もし $\text{LB}(P) = \text{UB}(P)$ ならば，この問題は解けたことになる．それ以外の場合（ここで紹介する例）では，**暫定値** (currently best value) として CurrBestVal $:= \text{LB}(P) = 90$ と定める．次に P を 2 つの問題に分枝する．自然な選択肢は，x_3 を用いる，なぜならば x_3^L が整数ではないからである．図 8.1 参照.

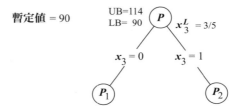

図 8.1　初期分枝限定木

　次に $P_1 = P|_{x_3=0}$ と $P_2 = P|_{x_3=1}$ の両方の下界値／上界値を計算する．どちらの問題も小さい上界値をもつが，整数実行可能解の改善は行わない．P_1 か P_2 の一方を再び分枝しなければならないが，より良い解が得られることを期待して上界値が大きい P_1 を選択する.

　特に，P_{11} に対して，整数最適解

$$x^L(P_{11}) = (1, 1, 0, 0, 1), \qquad \text{価値} = 112$$

を得る．ここで，暫定値を CurrBestVal $:= 112$ と更新する．図 8.2 と表 8.1 を参照.

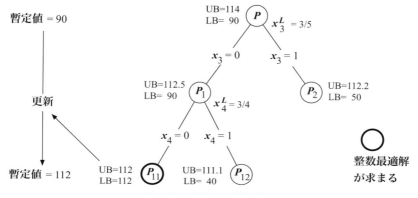

図 8.2   中間の分枝限定木

表 8.1   下界値／上界値の計算

j	1	2	3	4	5
c_j	10	80	40	30	22
w_j	1	9	5	4	3

P_1	x^I	1	1	0	0	0	LB $= 10 + 80 = 90$
	x^L	1	1	0	3/4	0	UB $= 90 + 30 \times (3/4) = 112.5$
P_2	x^I	1	0	1	0	0	LB $= 10 + 40 = 50$
	x^L	1	7/9	1	0	0	UB $= 50 + 80 \times (7/9) = 112.2$
P_{11}	x^I	1	1	0	0	1	LB $= 10 + 80 + 22 = 112$
	x^L	1	1	0	0	1	UB $= 112$
P_{12}	x^I	1	0	0	1	0	LB $= 10 + 30 = 40$
	x^L	1	8/9	0	1	0	UB $= 40 + 80 \times (8/9) = 111.1$

P_{12} の下界値／上界値を評価すると上界値 111.1 を得るが，これは暫定値 112 よりも小さい．このことは，P_{12} には元問題の解を更新する望みがないことを意味し，分枝限定木の対応する頂点の調査を終了できる．

次に暫定値 112 よりも大きい上界値 112.2 をもつ頂点 P_2 に移り，この問題の線形緩和解で分数値をとる x_2 を使ってこの問題を分枝する[1]．この操作で頂

---

[1] ここでの特殊な例では，すべての c_j が整数であるため，P_2 のどの整数実行可能解の値も 112 を超えることはなく，実際にはこの問題を分枝する必要はない．

点 P_{21} と P_{22} が生成され，計算により上界値はそれぞれ 61 と $-\infty$ となる．ここで，$-\infty$ とは線形緩和問題が実行不可能であることを意味する．図 8.3 参照．どちらの上界値も暫定値よりも小さいため，暫定値を更新する可能性はない．

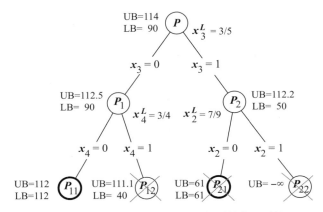

図 8.3　最終分枝限定木

分枝限定法の一般的記述をアルゴリズム 8.1 に与える．

最適性の証拠

　分枝限定法が求めた解の最適性の証拠は最終分枝限定木である．この木において，葉（次数が 1 の頂点）の 1 つは最適値（＝最終暫定値）を達成する実行可能解を含む．さらに，その他すべての頂点はこの値以下の上界値をもつ．

　この証拠は非常に大きなものかもしれない，なぜならばすべての自明な部分問題（すべての変数が固定されたもの）を葉としてもつようなしらみつぶし探索の木の頂点数は変数の個数に関して指数関数となるからである．ナップサック問題の場合には，最悪の場合は 2^n 程度となる．

分枝限定木の大きさを減らす戦略

　分枝限定法には自由度があり，この自由度を分枝限定木の大きさを減らすために利用できる．個別の問題とその入力例に対して，異なる戦略のどれが最善かを試すべきであろう．

アルゴリズム 8.1 分枝限定法

```
procedure Branch&Bound(P);
begin
   ProblemQueue := {P};
   CurrBestVal := LB(P);
   while ProblemQueue ≠ ∅ do
      ProblemQueue から 1 つの問題 P′ を選択しこれを除く ;
      if (UB(P′) > CurrBestVal) then
         if (LB(P′) > CurrBestVal) then
            CurrBestVal := LB(P′);
         endif;
         if (UB(P′) > LB(P′)) then
            P′ を P_1, P_2, …, P_k へ分枝する;
            P_1, P_2, …, P_k に対し下界値/上界値を計算する;
            P_1, P_2, …, P_k を ProblemQueue に追加する;
         endif;
      endif;
   endwhile;
   CurrBestVal を出力する; /* CurrBestVal は最適値である． */
end.
```

分枝　ナップサック問題に対しては，線形緩和の解のただ 1 つの分数成分から自然な分枝が導かれた．一般には，分枝に利用できる変数が複数存在する．また，まったく異なる論理で問題を分枝することも可能である．

優先順位　ProblemQueue のどの問題を優先して調べるべきだろうか．最も重要な目的は，良い実行可能解を含む部分問題を識別することである．

　最も有望な分枝を選択するために発見的方法を利用するべきである．これは問題ごとに異なる．最大の上界値をもつ頂点を選ぶのは，自然な選択肢である．しかし，戦略を固定することには注意を要する．なぜならば，直感的に良さそうな規則が大失敗となるかもしれない．

上界値　一般に，より良い上界値を求めるほど時間がかかる．「より精巧な上界値をいつ利用するべきか」は，重要な問いであり，答えるのも難しい．正確な上界値が重要になるのは以下のような状況である．

　アルゴリズムがある時点で最適値あるいは最適値に非常に近い暫定値を既に求めていて，ProblemQueue には多くの問題が含まれているとする．残る作業は，UB(P′) ≤ 暫定値という論理を用いて，最適解を含まない部分問題を

ProblemQueue からできる限り迅速に取り除くことである.

　このような状況においては，（より多くの時間を消費するが）より正確な上界値を求めるアルゴリズムを用いることで高速化が可能かもしれない.　典型的な場合として，7.4 節の最後で述べた切除平面法あるいは演習問題 5.2 で定義される Gomory カットのような汎用的方法によって実現されている.　特に，切除平面法は大規模巡回セールスマン問題を解くために重用され，分枝限定法の高速化に貢献している.　分枝限定法と切除平面法を組み合わせた解法は**分枝カット法** (Branch-and-Cut) とよばれている.

下界値　下界値計算には発見的探索が非常に有益である.　早い段階でかなり良い解を求めることは，分枝限定木の大きさを劇的に減少させる.　典型的な技法は，**焼きなまし法** (simulated annealing algorithm)，**タブーサーチ法** (tabu search algorithm) や**遺伝的アルゴリズム** (genetic algorithm) などの異なる戦略を用いた**局所探索法** (local search algorithm) である.

8.2　演習問題

▶ **演習問題 8.1　ナップサック問題の線形緩和**　命題 8.1 を証明しなさい.

▶ **演習問題 8.2　分枝限定法**　本章のナップサック問題に対して，整数実行可能解 $x^I(P)$ を構成する際に詰められない物があってもそこで終了せずに，順番に詰められるだけ詰めた場合は分枝限定木はどのように変化するか確認しなさい.

▶ **演習問題 8.3　分枝限定法**　以下の整数計画問題を分枝限定法を用いて解きなさい.

$$
\begin{aligned}
最大化 \quad & -x_1 + 6x_2 \\
制　約 \quad & -x_1 + 4x_2 \leq 7 \\
& 3x_1 + 5x_2 \leq 22 \\
& x_1, x_2 \geq 0 \\
& x_1, x_2 \in \mathbb{Z}
\end{aligned}
$$

分枝については，分枝に用いる変数 x_i のすべての可能性を考慮し，分枝限定木の違いを比較しなさい.

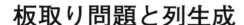

第 9 章

板取り問題と列生成

　本章では，ある種の大規模線形計画問題を解くための技法である，列生成として知られるものを紹介する．この一般的な技法について，NP 困難な組合せ最適化問題である板取り問題への応用を通して紹介する．

9.1　板取り問題

　板取り問題は製造業では頻繁に現れるもので，木製や金属製の板，紙ロールや織物といった一単位長の原料を何種類かの要求された長さをもつピース（最終物とよばれるもの）に切り出すことを要求する．主目的は，最終物を最も経済的に切り出す方法を見つけることで，必要な原料の個数を最小化することである．

　より形式的には，**板取り問題** (cutting-stock problem) は以下のように記述される：単位長が L である原料，長さ L_i の最終物を b_i 個 $(i = 1, 2, \ldots, m)$ 切り出す要求に対して，最も経済的に切り出す方法を見つける問題である．

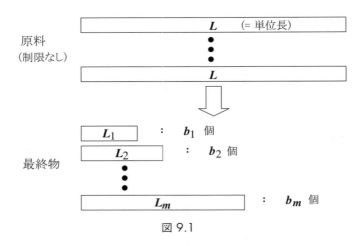

図 9.1

　板取り問題の最適解を求める際の主な障害は，原料を切るパターンが一般的に指数通り存在することである．

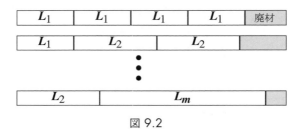

図 9.2

　最初にこの問題を整数計画問題として定式化する．原料から長さ L_i $(i = 1, 2, \ldots, m)$ の最終物を何個切り出すかを定めることで**裁断パターン**を与える．すなわち，各裁断パターンにおいては，切り出す最終物の長さの総和は L を超えない．E をすべての裁断パターンの集合として，A を $m \times E$ 行列とし，その (i, j) 成分 a_{ij} はパターン j において長さ L_i の最終物の切り出し個数とする．

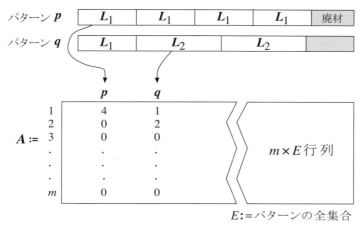

図 9.3

　板取り問題の整数計画問題としての定式化は，最終物の切り出し個数の要求を満たすように，パターン j の利用回数 x_j の最適な組合せを求めることとなる．

$$
\begin{aligned}
&最小化 \quad && e^\top x \qquad (e^\top = (1, 1, \ldots, 1)) \\
&制　約 \quad && A x = b \\
& && x \geq \mathbf{0} \\
& && x_j \in \mathbb{Z} \quad (j \in E).
\end{aligned}
$$

　線形緩和は，x_j の整数条件を除いて得られる線形計画問題とする．注目すべき点は，この線形緩和自身が簡単には解けない．なぜならば，A の列の個数は非常に多く，行列 A を陽に与えることは現実的な問題ではできない．

　以下で紹介する列生成の技術は，線形緩和を解くためのものであるが，分数解を生成するかもしれない．この障壁をどのように回避するかは適用する対象に強く依存する．

9.2　単体法の復習

　単体法の重要な点を箇条書きで述べておく．

- 線形計画問題：

$$
\begin{aligned}
\text{最小化} \quad & f = c^\top x \\
\text{制　約} \quad & A\,x = b \\
& x \geq \mathbf{0}.
\end{aligned}
$$

- 基底（$A_{.B}$:正則, $B \subseteq E$）：

$$
A_{.B}x_B + A_{.N}x_N = b
$$

$$
A = \begin{array}{|c|c|}
\hline
A_{.B} & A_{.N} \\
\hline
\end{array}
$$

$$
\implies \quad
\begin{aligned}
x_B &= A_{.B}^{-1}b - A_{.B}^{-1}A_{.N}x_N \\
f &= c_B^\top A_{.B}^{-1}b + (c_N^\top - c_B^\top A_{.B}^{-1}A_{.N})x_N.
\end{aligned}
$$

- 基底解 $(\overline{x})$：

$$
\overline{x}_N = \mathbf{0}, \qquad \overline{x}_B = A_{.B}^{-1}b, \qquad \overline{f} = c_B^\top A_{.B}^{-1}b.
$$

単体法

- 実行可能基底解 $\overline{x}$ から開始する：

$$
\overline{x}_N = \mathbf{0}, \qquad \overline{x}_B = A_{.B}^{-1}b \geq \mathbf{0}.
$$

- 現在の解が最適とは以下が成り立つことである：

$$
(c_N^\top - c_B^\top A_{.B}^{-1}A_{.N}) \geq \mathbf{0}^\top
$$

あるいは成分ごとに記述すると

$$
(c_j - c_B^\top A_{.B}^{-1}A_{.j}) \geq 0 \quad (j \in N).
$$

- もしある $s \in N$ で最適性が成り立たないならば，すなわち

$$
(c_s - c_B^\top A_{.B}^{-1}A_{.s}) < 0
$$

ならば，列 s が基底に入り，ある $r \in B$ が基底から出ることで新たな実行

可能基底を生成（＝ピボット演算）する．もし r の候補がないならば，この線形計画問題は非有界となる．

9.3 列生成

行列 A とベクトル $c^\top$ が非常に多くの列をもち，暗に与えられていると仮定する．

- もし最適性の条件

$$(c_j - c_B^\top A_{.B}^{-1} A_{.j}) \geq 0 \qquad (\forall j \in N) \qquad (*)$$

が $c_N, A_{.N}$ を直接参照することなく高速に確認できるならば，単体法の反復は簡単である．
- 実際に，ピボット演算の中心の個数は主に m に依存する，大雑把にいえば $O(m)$ である．よって，アルゴリズムは効率的に実行できることが予想される．

例：板取りの場合

$c^\top = e^\top \equiv (1, 1, \ldots 1).$ $p = c_B^\top A_{.B}^{-1}$ とすると，

$$(*) \iff (1 - pA_{.j}) \geq 0 \qquad (\forall j \in N)$$

$$\iff \max_{j \in N} pA_{.j} \leq 1$$

$$\iff z \leq 1 \quad \text{ただし}$$

$$z := \text{最大化} \quad \sum_{i=1}^{m} p_i \alpha_i$$

$$\text{制 約} \quad \sum_{i=1}^{m} L_i \alpha_i \leq L$$

$$\alpha_i \geq 0, \ \alpha_i \in \mathbb{Z} \quad (i = 1, \ldots, m)$$

（＝ナップサック問題）

このようにナップサック問題を解くことで最適かどうかを判定できる．

板取り問題以外にも以下のような問題に列生成は利用されている.

- 一般化割当問題：容量制約の下で，m 個の作業の n 個の機械への最適な割り当てを求めよ.
- 航空機の乗務員スケジューリング：与えられた航空機スケジュールをカバーするように，乗務員の最適な割り当てを求めよ.

略史

- 列生成の基本アイデアは，ある種の構造をもつ大規模線形計画問題に対して制約を分割して解くという異なる文脈で Dantzig and Wolfe (1960) によって最初に使われた.
- ここで議論した列生成は，Gilmore and Gomory (1961) によるものである.
- なお，列生成はときに遅延列生成 (delayed column generation) ともよばれる.

9.4　演習問題

▶ **演習問題 9.1　板取り問題**　列生成アルゴリズムを異なる長さ L と L' をもつ 2 種類の原料をもつ板取り問題に拡張しなさい.　使われずに余った原料の総量を最小化するにはアルゴリズムをどのように拡張すればよいか.　異なる原料が k 種類ある場合はどうなるか.

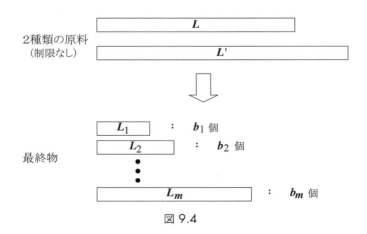

図 9.4

第 10 章

近似アルゴリズム

　本章では，組合せ最適化問題を近似的に解くためのいくつかの基本的技法を紹介する．ここでは，近似アルゴリズムという用語は，何らかの性能保証を有するアルゴリズムについて用いる．

　正式には，正数 p に対して，最小化問題に対する解法を **p 近似アルゴリズム** とよぶときは，このアルゴリズムが最適値の高々 p 倍の目的関数値を達成する実行可能解を求めることを意味する．最大化問題に対しては，アルゴリズムが最適値の少なくとも p 倍の目的関数値を達成する実行可能解を求めることを意味する．この p を近似アルゴリズムの近似比とよぶ．この定義は最適値が正である場合に意味をもつが，通常はこの条件が満たされるように問題を簡単に変換できる．

　近似アルゴリズムを構築するための多くの異なる技法が存在するが，ここでは 3 種類の基本的な技法，すなわち，貪欲法，主双対法，LP 丸め法を紹介する．これらの方法は多くの組合せ最適化問題に適用可能ではあるが，集合被覆問題を通してこれらを説明する．

10.1 　集合被覆問題

　集合被覆問題は NP 困難な最適化問題であることが知られている．U を要素数 n の有限集合とし，$\mathcal{S}$ を U の部分集合族とする．**集合被覆問題** (set cover problem) とは，台集合 U を被覆する要素数最小の $\mathcal{S}$ の部分集合 $\mathcal{C}$ を求める問題である．ここで，$\mathcal{C}$ が U を被覆するとは，$\mathcal{C}$ の要素の和集合が U となることを意味し，このような部分集合 $\mathcal{C}$ を U の **被覆** とよぶ．図 10.1 では，$\{S_2, S_3, S_4, S_5\}$ は U の被覆である．

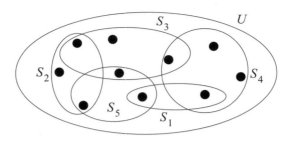

図 10.1　集合被覆問題

　明らかに，U の被覆が存在するための必要十分条件は，$\mathcal{S}$ の要素の和集合が U となることで，以降ではこれを仮定する.

　集合被覆問題の応用を想像することは難しくない．例えば，企業がすべての顧客に対応できるようにいくつかのサービスセンターを設置するときにこのような問題が発生する．特に，サービスセンターを設置する有限個の候補地が与えられ，それぞれの候補地で対応できる顧客の集合が既知である場合は，すべての顧客に対応できるような最小数の候補地を選択する問題はまさに集合被覆問題となる.

　集合被覆問題を重み付き集合被覆問題に拡張したいというのは自然は要望である．重み付き問題では，各 $S \in \mathcal{S}$ に対して正の費用 $w(S)$ が与えられ，目的は総費用最小の被覆を求めることである．話を簡単にするために，重み付き問題を扱わないが，多くの近似技法は重み付きに拡張できる．例えば，次の節で扱う貪欲法は自然に拡張できる.

　まず，集合被覆問題を整数計画問題として定式化する．各 $S \in \mathcal{S}$ に対して変数 $x_S \in \{0,1\}$ を設定することで，集合被覆問題は，次の 0/1 整数計画問題と等価になる.

$$
\begin{aligned}
\text{最小化} \quad & \sum_{S \in \mathcal{S}} x_S \\
\text{制　約} \quad & \sum_{e \in S \in \mathcal{S}} x_S \geq 1 \quad (e \in U) \\
& x_S \in \{0,\,1\} \quad (S \in \mathcal{S}).
\end{aligned}
$$

整数制約を非負制約に置き換えることで次の線形緩和問題が得られる.

$$\text{最小化} \quad \sum_{S \in \mathcal{S}} x_S$$

$$\text{制 約} \quad \sum_{e \in S \in \mathcal{S}} x_S \geq 1 \quad (e \in U) \tag{10.1}$$

$$x_S \geq 0 \quad (S \in \mathcal{S}).$$

この線形緩和問題の任意の最適解 x が $x \leq 1$ を満たすことを示すのは簡単である.

頂点被覆問題として知られるものは,グラフから得られる特殊な集合被覆問題である. 与えられたグラフ $G = (E, V)$ に対して,**頂点被覆問題** (vertex cover problem) とは,すべての辺を被覆する最小数の頂点集合を求めるもので,$U := E$ と

$$\mathcal{S} := \Big\{ \underbrace{\{e \in E : i \in e\}}_{S_i} : i \in V \Big\}$$

と定めた集合被覆問題と等価である.

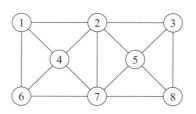

図 10.2 頂点被覆問題

頂点被覆問題の整数計画問題としての定式化は以下のようになる.

$$\text{最小化} \quad \sum_{j \in V} x_j$$

$$\text{制 約} \quad x_i + x_j \geq 1 \quad (\{i, j\} \in E)$$

$$x_j \in \{0, 1\} \quad (j \in V).$$

集合被覆問題の分類で,頂点被覆問題が非自明な特殊化の中で最も簡単な問題となるものがある. $e \in U$ の**頻度** (frequency) を e を含む $\mathcal{S}$ の要素数と定め,$f = f(\mathcal{S})$ を最も頻度の高い要素の頻度と定める. 頂点被覆問題に対しては $f(\mathcal{S}) = 2$ であり,$f(\mathcal{S}) = 1$ ならば解は自明となる.

10.2 節で扱う貪欲法は近似比 $1 + \ln n$ を達成し,一方,10.3 節の主双対法と

10.4 節の LP 丸め法は近似比 $f = f(\mathcal{S})$ を達成する．いずれも他よりも優れているという訳ではないことを注記しておく．

10.2　貪欲法

　本節では，集合被覆問題に対する貪欲法を考える．鍵となるアイデアは単純である．このアルゴリズムは各反復において最も効率的な部分集合を選び，U が被覆された時点で終了する．U の部分集合 C が既に被覆されている状況において，集合 S の**効率性** $e(S, C)$ の自然な定義として S の要素で被覆されていないものの個数，すなわち

$$e(S, C) := |S \backslash C|$$

と定める．

　アルゴリズムはアルゴリズム 10.1 のように記述される．

アルゴリズム 10.1 集合被覆問題に対する貪欲法

```
procedure GreedySetCover(U, S);
begin
    C := ∅; 𝒞 := ∅;
    while C ≠ U do
        効率性 e(S, C) を最大とする S ∈ S を選ぶ;
        C := C ∪ S;
        𝒞 := 𝒞 ∪ {S};
    endwhile;
    𝒞 を出力する;
end.
```

　貪欲法の近似比は以下のようになる．

定理 10.1　貪欲法（アルゴリズム 10.1）は近似比 $H_n := 1 + 1/2 + 1/3 + \cdots + 1/n$ を達成する．

証明　$\mathcal{C}$ をこのアルゴリズムの出力とし，$\mathcal{C}^*$ を最小被覆，z^* を最適値 $|\mathcal{C}^*|$ とする．U の要素は，アルゴリズムで被覆される順序に従って $e_1, e_2, \ldots, e_n$ と並び替える．同時に被覆されるものについては任意の順序とする．要素 e_k の貢献

度 $p(e_k)$ を $1/e(S_k, C_k)$ と定める. ここで, S_k は e_k を初めて被覆する部分集合で, C_k は直前に被覆されていた部分集合とする. 貢献度の定義より, 以下が成り立つ.

$$|\overline{\mathcal{C}}| = \sum_{k=1}^{n} p(e_k). \tag{10.2}$$

固定した $k = 1, \ldots, n$ に対して, e_k が S_k により初めて被覆された反復を考える. アルゴリズムの動きより, $e(S, C_k)$ は $S = S_k$ で最大値を達成する. $\mathcal{C}^*$ は $U \setminus C_k$ を被覆しているので, $\mathcal{C}^*$ の要素で少なくとも $|U \setminus C_k|/z^*$ 個の $U \setminus C_k$ の要素を被覆するものが存在する. これより, $e(S_k, C_k) \geq |U \setminus C_k|/z^*$ と $p(e_k) \leq z^*/|U \setminus C_k|$ が成り立つ.

一方, $|C_k| \leq k - 1$ であるから, さらに

$$p(e_k) \leq \frac{z^*}{|U \setminus C_k|} \leq \frac{z^*}{n - k + 1} \tag{10.3}$$

を得る. (10.2) と (10.3) より,

$$|\overline{\mathcal{C}}| = \sum_{k=1}^{n} p(e_k) \leq \sum_{k=1}^{n} \frac{z^*}{n - k + 1}$$
$$= \left(1 + \frac{1}{2} + \cdots + \frac{1}{n}\right)z^* = H_n z^*$$

となり, 定理の主張が証明された. □

調和数 H_n は, 対数関数を用いて下からも上からも

$$\ln(n + 1) \leq H_n \leq 1 + \ln n$$

のように抑えられる. これは, 貪欲法のが $(1 + \ln n)$ 近似アルゴリズムであることを意味している.

これよりも優れた近似比の多項式時間アルゴリズムを構築できるであろうか. P=NP でない限り, 定数近似比の多項式時間近似アルゴリズムは存在しないことが知られている. さらに, ある定数 c が存在し, 貪欲法の近似比 cH_n より改善できないことが示されている.

PCP 定理（PCP とは確率的検査可能証明系を表す）として知られる定理が存在し, 近似アルゴリズムの理論において, これは集合被覆問題を含む種々の

最適化問題の困難性を導く．頂点被覆問題，MAX-3-SAT（3SAT の最適化版），最大クリーク問題に対しても同様の結果が知られている．これらに関しては本書での範囲を超えている．この話題については，付録 A を参照されたい．

10.3　主双対法

以下の線形計画問題の主問題と双対問題の組を考える．

$$
\begin{aligned}
&\text{最小化} && c^\top x \\
&\text{制　約} && Ax \geq b \\
& && x \geq \mathbf{0},
\end{aligned}
\tag{10.4}
$$

$$
\begin{aligned}
&\text{最大化} && b^\top y \\
&\text{制　約} && A^\top y \leq c \\
& && y \geq \mathbf{0}.
\end{aligned}
\tag{10.5}
$$

集合被覆問題の線形緩和 (10.1) は，主問題 (10.4) の特殊な場合で，そこでは c も b もすべての成分が 1 で，A は成分が 0 か 1 となる行列である．

主問題を解きたいときに，相補性定理（定理 2.4）を通して最適性を保証するために双対問題は重要な役割をはたす．この定理では主問題が最大化問題であるが，ここでは主問題は最小化問題であることを注意しておく．

主問題の良い整数解が欲しいときに，次の緩和相補性条件を利用できる．

定理 10.2　（緩和相補性条件） 主／双対実行可能解 $\overline{x}$ と $\overline{y}$ が，ある正数 α と β に対して，以下の条件 (a) と (b) を満たすと仮定する．
　(a) 各 j に対して，$\overline{x}_j > 0$　ならば　$c_j/\alpha \leq (A^\top \overline{y})_j \leq c_j$,
　(b) 各 i に対して，$\overline{y}_i > 0$　ならば　$b_i \leq (A\overline{x})_i \leq \beta b_i$.
このとき，次の不等式が成り立つ．

$$
b^\top \overline{y} \leq c^\top \overline{x} \leq (\alpha\beta)\, b^\top \overline{y}.
\tag{10.6}
$$

証明　$\overline{x}$ と $\overline{y}$ を (a) と (b) を満たす主問題と双対問題の実行可能解とする．最初の不等式 $b^\top \overline{y} \leq c^\top \overline{x}$ は弱双対定理（定理 2.2）に他ならない．第 2 の不等式は，以下のように単純な計算で示すことができる．

$$c^\top \overline{x} = \sum_j c_j \overline{x}_j \leq \alpha \sum_j (A^\top \overline{y})_j \overline{x}_j \qquad (\because \ \overline{x}_j \geq 0 \ \text{と (a)})$$

$$= \alpha \sum_i (A\overline{x})_i \overline{y}_i \qquad (\overline{y}^\top A\overline{x} \ \text{の書き換え})$$

$$\leq \alpha \beta \sum_i b_i \overline{y}_i \qquad (\because \ \overline{y}_i \geq 0 \ \text{と (b)})$$

$$\leq (\alpha\beta)\, b^\top \overline{y}.$$

□

不等式 (10.6) は，主実行可能解 $\overline{x}$ の近似比が $\alpha\beta$ であることを導く．すなわち，主双対実行可能解の組 $(\overline{x}, \overline{y})$ で緩和相補性条件を満たし，$\overline{x}$ が整数となるようなアルゴリズムを構築できたならば，このアルゴリズムは対応する整数計画問題に対する $(\alpha\beta)$ 近似アルゴリズムとなる．

集合被覆問題に対する主双対法

上記のアイデアに基づき，集合被覆問題に対するアルゴリズムを構築する．集合被覆問題の線形緩和 (10.1) とその双対問題：

$$
\begin{aligned}
\text{最大化} \quad & \sum_{e \in U} y_e \\
\text{制 約} \quad & \sum_{e \in S} y_e \leq 1 \quad (S \in \mathcal{S}) \\
& y_e \geq 0 \quad (e \in U)
\end{aligned}
$$

を考える．

定理 10.2 を応用する際に，最大頻度 $f = f(\mathcal{S})$ を用いて $\alpha = 1$ と $\beta = f$ と定める．このように定めることで，定理 10.2 の緩和相補性条件 (a) と (b) は

(SC-a) 各 $S \in \mathcal{S}$ に対して，$\overline{x}_S > 0$　ならば　$\displaystyle\sum_{e \in S} y_e = 1$,

(SC-b) 各 $e \in U$ に対して，$\overline{y}_e > 0$　ならば　$\displaystyle 1 \leq \sum_{e \in S \in \mathcal{S}} x_S \leq f$

と書き換えられる．

アルゴリズム 10.2 は，(SC-a) と (SC-b) を満たす主整数実行可能解と双対実行可能解を求める．

アルゴリズム 10.2 集合被覆問題に対する主双対法

```
procedure PrimalDualSetCover(U, S);
begin
    x := 0; y := 0; U のすべての要素を未被覆と印をつける;
    while x が実行不可能 do
        未被覆な e ∈ U を任意に選ぶ;
        y_e を双対問題の不等式のいくつかが新たに等号で満たすまで増やす;
        新たに等号を満たしたすべての S に対し x_S := 1 とする;
        これらの集合に含まれるすべての要素に被覆と印をつける;
    endwhile;
    (x, y) を出力する;
end.
```

定理 10.3　(主双対近似比)　主双対法 (アルゴリズム 10.2) は集合被覆問題に対する f 近似アルゴリズムである.

証明　読者に委ねる.　　　　　　　　　　　　　　□

10.4　LP 丸め法

　LP 丸め法は, 線形緩和問題の (分数) 最適解を組合せ最適化問題の近い整数解に変換するという直感的にわかりやすい方法である.

　丸めという技法は, 複数の等式制約がある場合などの一般の場合にはうまく働かないが, 集合被覆問題に対しては非常に上手く機能する.

　丸めのために, 最大頻度 $f = f(\mathcal{S})$ を利用する. ここで紹介するアルゴリズム 10.3 は線形計画問題のソルバーを利用する.

アルゴリズム 10.3 集合被覆問題に対する LP 丸め法

```
procedure LProundingSetCover(U, S);
begin
    線形緩和問題 (10.1) を解き, 最適解 x を求める;
    x_S ≥ 1/f である S ∈ S をすべて選ぶ;
    選んだ部分集合の族 C を出力する;
end.
```

定理 10.4 (LP 丸めの近似比)　アルゴリズム 10.3 は集合被覆問題に対する f 近似アルゴリズムである.

証明　x を線形緩和問題の最適解とし，$\mathcal{C}$ をこのアルゴリズムの出力とする. $e \in U$ を任意に固定する. e は高々 f 個の部分集合に含まれ，x は線形緩和問題の実行可能解なので $e \in S$ である S の中に x_S が少なくとも $1/f$ となるものが存在する. これより，$\mathcal{C}$ は U の被覆である. $\mathcal{C}$ の構成法より，$|\mathcal{C}|$ は線形緩和問題の最適値の f 倍以下であるので，集合被覆問題に対する近似比 f を達成する. □

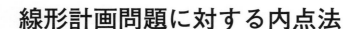

第 11 章

線形計画問題に対する内点法

　本書では第 4 章で，線形計画問題に対する 2 つのピボットアルゴリズムを紹介した．これらのアルゴリズムは有限回の反復で終了し，特に単体法は実用上も非常に効率的であることが知られている．しかし，いまだに多項式時間ピボットアルゴリズムは知られていない．単体法あるいは十文字法が最適解を求めるまでに指数回のピボット演算を必要とする極端な一連の例が存在する．最も有名な例が Klee と Minty [30, 44] によるもので，以下のように記述される．

最大化 $\qquad x_n$

制　約 $\qquad 0 \leq x_1 \leq 1$ $\qquad\qquad\qquad\qquad\qquad$ (11.1)

$\qquad\qquad \epsilon\, x_{j-1} \leq x_j \leq 1 - \epsilon\, x_{j-1} \quad (j = 2, \ldots, n)$

ただし，$0 < \epsilon < 1/2$ とする．

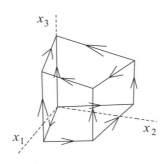

図 11.1 $\quad \epsilon = 1/5$ とした 3 次元 Klee-Minty の例

　図 11.1 にあるように，実行可能領域は組合せ的には 2^n 個の頂点をもつ n 次元超立方体で，単体法は 2^n 個のすべての頂点を通ることが可能である．この

例は，n 個の変数をもち，$2n$ 本の不等式で記述され，特に問題を 2 進表記した
ときの入力長は $O(n)$ である．よって，多項式時間アルゴリズムは n に関して
高々多項式回の算術演算しか用いない．目的関数による辺の向き付けは再帰的
な構造をもつ．すなわち，$\epsilon x_{n-1} \leq x_n$ に対応した下側の面に制限した向き付け
は，$x_n \leq 1 - \epsilon x_{n-1}$ に対応した上側の面に制限したものと逆向きになる．これ
らの向き付けは，$n-1$ 次元 Klee-Minty の例の向き付けと同型である．単体法
が指数反復回となる典型的な状況は，まず下側の面のすべての頂点を通り，上
側の面に移動し，さらにこの面のすべての頂点を通り最適解に至るものである．

　線形計画問題に対する最初の多項式時間アルゴリズムは，1979 年に Khachiyan
[29] により提案された．このアルゴリズムは，**楕円体法** (ellipsoid method) と
して知られている．これは重要な理論的進展と考えられているが，浮動小数点
演算が安定するように実装することが難しく，このアルゴリズムは実用的とは
認識されなかった．最初の実用的な多項式時間アルゴリズム（のクラス）は，内
点法として知られ，1984 年に Karmarker [28] により考案された．これ以降は
主双対内点法を含む多くの変種が提案され続けている．

　本章の目的は，主双対内点法を概説することであり，基本的な理論的枠組み
を与え，鍵となるアルゴリズムの構成要素を説明することである．このアルゴ
リズム的構成要素は，非線形最適化の分野で開発されたものである．

11.1　記号の準備

　関数 $f : \mathbb{R}^n \to \mathbb{R}$ に対して，f の**勾配** (gradient) ∇f を f の偏微分で構成さ
れたベクトル

$$\nabla f(x) := \begin{bmatrix} \dfrac{\partial f(x)}{\partial x_1} \\ \vdots \\ \dfrac{\partial f(x)}{\partial x_n} \end{bmatrix}$$

として定義する．もちろん，勾配が定義できるためには f は微分可能でなけれ
ばならない．

　f の 2 階偏微分からなる行列を**ヘッセ行列** (Hessian matrix) とよび，$H(x)$

あるいは $\nabla^2 f(x)$ と表記する，すなわち

$$\nabla^2 f(x) = H(x) := \begin{bmatrix} \dfrac{\partial^2 f(x)}{\partial x_1 \partial x_1} & \cdots & \dfrac{\partial^2 f(x)}{\partial x_1 \partial x_n} \\ & \ddots & \\ \dfrac{\partial^2 f(x)}{\partial x_n \partial x_1} & \cdots & \dfrac{\partial^2 f(x)}{\partial x_n \partial x_n} \end{bmatrix}$$

である．本章では，f は 2 階連続微分可能であると仮定する．すなわち，2 階偏微分が連続と仮定する．この関数クラスを C^2 と表記する．

例えば，$f(x) = x_1^2 - x_1 x_3 + x_2^2 + 3x_2 + 2x_3^2$ のとき，

$$\nabla f(x) = \begin{bmatrix} 2x_1 - x_3 \\ 2x_2 + 3 \\ -x_1 + 4x_3 \end{bmatrix}, \qquad \nabla^2 f(x) = H(x) = \begin{bmatrix} 2 & 0 & -1 \\ 0 & 2 & 0 \\ -1 & 0 & 4 \end{bmatrix}.$$

この例のように f が 2 次関数であるとき，そのヘッセ行列は定数行列となる．

テーラーの定理あるいは平均値の定理より，関数 $f \in C^2$ について，任意の $x_0, x \in \mathbb{R}^n$ と $\Delta x := x - x_0$ に対して

$0 \le \theta \le 1$ である θ が存在し，

$f(x) = f(x_0) + \nabla f(x_0 + \theta \Delta x)^\top \Delta x,$

$0 \le \theta \le 1$ である θ が存在し，

$f(x) = f(x_0) + \nabla f(x)^\top \Delta x + \dfrac{1}{2} \Delta x^\top H(x_0 + \theta \Delta x) \Delta x.$

f が 1 次関数あるいは 2 次関数のとき，上記の第 1 等式あるいは第 2 等式はそれぞれ $\theta = 0$ で成り立つ．関数 f の x_0 における **1 次近似** (linear approximation) $\bar{f}$ と **2 次近似** (quadratic approximation) $\bar{\bar{f}}$ を

$$\bar{f}(x) := f(x_0) + \nabla f(x_0)^\top (x - x_0), \tag{11.2}$$

$$\bar{\bar{f}}(x) := f(x_0) + \nabla f(x_0)^\top (x - x_0) + \frac{1}{2}(x - x_0)^\top H(x_0)(x - x_0) \tag{11.3}$$

で定義する．これらは，f が 1 次関数か 2 次関数のときは f と一致する．

1 変数の小さな例を見てみよう．次の 1 変数関数を考える．

$$f(x) = -x^3 + x^2 - 7x - 145.$$

図 11.2 は，この 3 次多項式，その $x = -10$ における 1 次近似と 2 次近似の挙動を図示したものである．これらの近似は元の関数とはかなり異なるが，$x = -10$ での近傍においてはこれらは類似している．

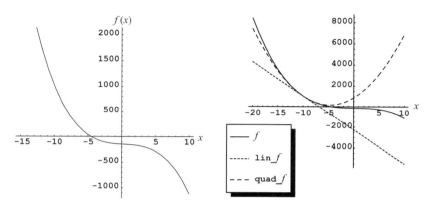

図 11.2　関数 $-x^3 + x^2 - 7x - 145$ とその $x = -10$ における 1 次近似と 2 次近似

11.2　ニュートン法

ニュートン法は，ベクトル値関数 $F : \mathbb{R}^n \to \mathbb{R}^n$ の零点（根）を求めるアルゴリズムである．

まず 1 変数関数 $f : \mathbb{R} \to \mathbb{R}$ の簡単な場合を考える．アイデアは非常に単純である．ニュートン法は初期点 $x_0 \in \mathbb{R}$ から開始し，f の 1 次近似 (11.2) の零点 x_1 を求め，新たに求めた零点に対して上記の操作を繰り返す．図 11.3 は，関数 $-x^3 + x^2 - 7x - 145$ に対して，初期点 $x_0 = -12$ からニュートン法を適用した際の最初の 2 反復を図示したものである．

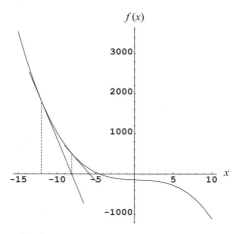

図 11.3 関数 $-x^3 + x^2 - 7x - 145$ に対して $x_0 = -12$ から開始したニュートン法の最初の 2 反復

f の x_k における 1 次近似は

$$\bar{f}(x) = f(x_k) + \nabla f(x_k)^\top (x - x_k)$$

で与えられるので，$\bar{f}$ の零点を求めるための等式は

$$\nabla f(x_k)^\top \Delta x_k = -f(x_k)$$

で，これより

$$\Delta x_k = -\nabla f(x_k)^{-1} f(x_k)$$

となる（1 変数なので $\nabla f(x_k)$ はスカラー値とみなせることに注意）．よって，ニュートン法の x_k の更新は

$$x_{k+1} := x_k + \Delta x_k$$

となる．

　ベクトル値関数 $F : \mathbb{R}^n \to \mathbb{R}^n$ に対する一般の場合には，$i = 1, \dots, n$ について $f_i : \mathbb{R}^n \to \mathbb{R}$ を考え，$F(x) = (f_1(x), \dots, f_n(x))^\top$ と定めると，ニュートン法の反復は，

$$\nabla f_i(x_k)^\top \Delta x_k = -f_i(x_k) \quad (i = 1, \dots, n)$$

で与えられ，ベクトル $\Delta x_k \in \mathbb{R}^n$ は現在の点 $x_k \in \mathbb{R}^n$ により定まる．上述の等式系は，行列を用いて

$$J(x_k)\Delta x_k = -F(x_k)$$

と表現される．ここで，$J(x)$ は，次のように定まる F の $n \times n$ **ヤコビ行列** (Jacobian matrix) である．

$$J(x) := \begin{bmatrix} \nabla f_1(x)^\top \\ \vdots \\ \nabla f_n(x)^\top \end{bmatrix} = \begin{bmatrix} \dfrac{\partial f_1(x)}{\partial x_1} & \dots & \dfrac{\partial f_1(x)}{\partial x_n} \\ & \ddots & \\ \dfrac{\partial f_n(x)}{\partial x_1} & \dots & \dfrac{\partial f_n(x)}{\partial x_n} \end{bmatrix}.$$

　一般に，ニュートン法は零点が存在したとしてもそれに収束するとは限らない．例えば，2点を繰り返し生成する1変数の例を見つけることは難しくない．しかし，関数と初期点に関するある種の仮定の下では，超1次収束のような収束定理を主張できる．例えば，次節で扱う主双対内点法では1次関数に近い関数系にニュートン法を適用する場合である．

▶ **演習問題 11.1**　関数 $F(x) = (f_1(x), \dots, f_n(x))^\top$, $i = 1, \dots, n$ に対し $f_i : \mathbb{R}^n \to \mathbb{R}$ が，部分的に1次関数である場合，すなわち

$$f_i(x) = A_i x - b_i \quad (i = 1, \dots, k \leq n)$$

を考える．ニュートン法をこのような関数 F に適用するとき，初期点 x_0 が $f_i(x_0) = A_i x_0 - b_i = 0 \ (i = 1, \dots, k)$ を満たすならば，生成するすべての点でもこれらの等式を満たすことを示しなさい．初期点がいくつかの等式を満たさないとき，ニュートン法はすべての1次等式を満たすためにはどのくらいの反復を必要とするか．

▶ **演習問題 11.2**　ニュートン法は，$\nabla f(\overline{x}) = \mathbf{0}$ を満たす点 $\overline{x}$ を求めることで，関数 f の大域的最小解を求めるためにしばしば利用される．ある $a \in \mathbb{R}$ に対して，$f(x) = x_1^2 + 3x_1 - 2x_1 x_2 + a x_2^2$ とする．$(x_0)_1 = (x_0)_2 = 1$ である初

期点 $x_0 \in \mathbb{R}^2$ からニュートン法を適用した場合の最初の反復を説明しなさい.
どのようなときにニュートン法は大域的最小解を求めるか. どのようなときに
ニュートン法は大域的最小解を求めるのに失敗するか. ニュートン法が大域的
最適解を求めるとき, どのくらいの反復回数が必要か.

11.3　主双対内点法

標準形の線形計画問題とその双対問題の組を考える.

$$
\begin{array}{ll}
\text{最大化} & c^\top x \\
\text{制　約} & Ax = b \\
& x \geq \mathbf{0},
\end{array}
$$

$$
\begin{array}{ll}
\text{最小化} & b^\top y \\
\text{制　約} & A^\top y - s = c \\
& s \geq \mathbf{0}.
\end{array}
$$

ここで, $A \in \mathbb{Z}^{m \times n}$, $b \in \mathbb{Z}^m$, $c \in \mathbb{Z}^n$ は与えられたものとする.

相補性条件は, 主実行可能解 x と双対実行可能解 (y, s) がともに最適解であ
るための必要十分条件で x と s が直交すること, すなわち,

$$
x^\top s = \sum_{j=1}^n x_j s_j = 0
$$

であることを主張している. 以降では, 以下のような記法を用いる. $\mathrm{diag}(a_1, a_2, \ldots, a_n)$ は, 対角成分が $a_1, \ldots, a_n$ である $n \times n$ 対角行列で,

$$
X := \mathrm{diag}(x_1, x_2, \ldots, x_n), \qquad S := \mathrm{diag}(s_1, s_2, \ldots, s_n)
$$

とする. この記法を用いると, 主双対ベクトルの組 x と (y, s) がともに最適解
であるための必要十分条件は,

$$
F(x, y, s) := \begin{bmatrix} A^\top y - s - c \\ Ax - b \\ XSe \end{bmatrix} \tag{11.4}
$$

とすると (ただし e はすべての成分が 1 であるベクトル)

$$x \geq \mathbf{0}, \quad s \geq \mathbf{0}, \quad F(x, y, s) = \mathbf{0}$$

と書ける. $\mathcal{X}$ を主実行可能解 x と双対実行可能解 (y, s) となるベクトル (x, y, s) 全体の集合とし, $\mathcal{X}^0$ を $\mathcal{X}$ の相対的内点全体の集合とする, すなわち,

$$\mathcal{X} := \{(x, y, s) : A^\top y - s = c, \ Ax = b, \ x \geq \mathbf{0}, \ s \geq \mathbf{0}\},$$

$$\mathcal{X}^0 := \{(x, y, s) \in \mathcal{X} : x > \mathbf{0}, \ s > \mathbf{0}\}.$$

主双対内点法の一般形はアルゴリズム 11.1 のように記述される.

アルゴリズム 11.1 主双対内点法の一般形

- 初期点 $(x, y, s) \in \mathcal{X}^0$ から開始する.
- F を小修正したものに適用したニュートン法から得られる探索方向 $(\Delta x, \Delta y, \Delta s)$ とステップ幅 $\alpha \leq 1$ を用いて次の点 $(x, y, s) + \alpha \cdot (\Delta x, \Delta y, \Delta s)$ を生成する. 例えば, ステップ幅の選択では新たな点が $\mathcal{X}^0$ に留まるように注意する.
- 上記の点生成を繰り返す.

もちろん, $\mathcal{X}^0$ の点を見つけること自体が非自明な問題であり, $\mathcal{X}$ が非空な場合ですら可能とは限らない. 他にも解決すべき技術的課題があるが, これについては 11.3.3 項を参照のこと. 以降では, 初期点 $(x, y, s) \in \mathcal{X}^0$ が与えられていると仮定する.

11.3.1 F に直接的に適用されたニュートン法

本項では, (11.4) で定義された F に素直にニュートン法を適用し, ステップ幅 α を 1 とした場合の一般形アルゴリズム 11.1 について議論する. すなわち, 探索方向 $(\Delta x, \Delta y, \Delta s)$ は以下を解くことで定まる.

$$\begin{bmatrix} \mathbf{0} & A^\top & -I \\ A & \mathbf{0} & \mathbf{0} \\ S & \mathbf{0} & X \end{bmatrix} \begin{bmatrix} \Delta x \\ \Delta y \\ \Delta s \end{bmatrix} = \begin{bmatrix} \mathbf{0} \\ \mathbf{0} \\ -XSe \end{bmatrix}. \tag{11.5}$$

これよりアルゴリズム 11.2 が導かれる.

このアルゴリズムは機能するだろうか. 問題点は, $(x, y, s) \in \mathcal{X}^0$ から開始しても次の点が $\mathcal{X}^0$ あるいは $\mathcal{X}$ に含まれる保証がない. F に適用されたニュート

アルゴリズム 11.2 素朴な主双対内点法

- 初期点 $(x, y, s) \in \mathcal{X}^0$ から開始する.
- 次の点 $(x, y, s) + (\Delta x, \Delta y, \Delta s)$ を生成する. ただし, 探索方向 $(\Delta x, \Delta y, \Delta s)$ は (11.5) を解くことで求める.
- 上記の点生成を繰り返す.

ン法は x や s の非負性に配慮することなく F のある零点を求める.

例 11.1　シャトーマキシム生産問題（例 1.1）を見てみよう. 標準形の線形計画問題において, 行列 A, ベクトル c と b は次のように定まる.

$$A = \begin{bmatrix} 2 & 0 & 0 & 1 & 0 & 0 \\ 1 & 0 & 2 & 0 & 1 & 0 \\ 0 & 3 & 1 & 0 & 0 & 1 \end{bmatrix}, \qquad b = \begin{bmatrix} 4 \\ 8 \\ 6 \end{bmatrix}, \qquad c^\top = \begin{bmatrix} 3 & 4 & 2 & 0 & 0 & 0 \end{bmatrix}.$$

次のように定めた (x, y, s) は, $(x, y, s) \in \mathcal{X}^0$ に含まれることは簡単に示せる.

$$x^\top = \begin{bmatrix} 1 & 1 & 1 & 2 & 5 & 2 \end{bmatrix}, \qquad y^\top = \begin{bmatrix} 2 & 2 & 2 \end{bmatrix},$$
$$s^\top = \begin{bmatrix} 3 & 2 & 4 & 2 & 2 & 2 \end{bmatrix}.$$

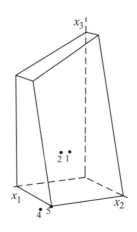

図 11.4　素朴な主双対内点法が生成する最初の 5 点

この点 (x, y, s) において，F の値は以下の通り定まる.

$$F(x, y, s)^\top = \begin{bmatrix} 0 & 0 & 0 & 0 & 0 & 0 & 0 & 0 & 0 & 3 & 2 & 4 & 4 & 10 & 4 \end{bmatrix}.$$

図 11.4 において，数字 1, 2, 3, 4, 5 は，素朴な主双対内点法が生成する初期点，2 番目の点，…, 5 番目の点を示している．2 番目の点での x の部分は

$$(1.39431,\ 1.33563,\ 1.10267,\ 1.21139,\ 4.40035,\ 0.890423)$$

でありすべての成分が正であるが，2 番目の点での s の部分は

$$(-1.18292,\ -0.671268,\ -0.410699,\ 0.788611,\ 0.239862,\ 1.10958)$$

となりすべての成分が正とはならない．3 番目以降の 3 点の x の部分は負の成分を含み実行可能ではない．生成された点列は，最適ではない実行可能基底解に収束する.

　このような挙動は，素朴な主双対内点法が x と s の非負性にまったく配慮しないことから驚くべきことではない.

11.3.2　中心パス

　前節で見たように，素朴な主双対内点法は $\mathcal{X}^0$ に含まれない点を生成し，最適解に収束する保証がないという意味で機能しない．素朴な主双対内点法を機能させるためには，関数 F を修正し，現在の点が $F = \mathbf{0}$ を満たす $\mathcal{X}^0$ の点と離れないようにしなければならない．ひとつの方法は，次のように F にパラメータ $\tau \geq 0$ を導入することである.

$$F_\tau(x, y, s) := \begin{bmatrix} A^\top y - s - c \\ Ax - b \\ XSe - \tau e \end{bmatrix}.$$

元の F との唯一の違いは最後の $XSe - \tau e$ の部分である．この効果は，$F_\tau(x, y, s) = \mathbf{0}$ が

$$x_j s_j = \tau \quad (j = 1, \ldots, n) \tag{11.6}$$

を意味することで，相補性条件を緩和している．**中心パス** (central path) とは，あるτ ≥ 0 に対して，条件 (11.6) を満たす実行可能解全体の集合

$$C := \{(x, y, s) \in \mathcal{X}^0 : \exists \tau \geq 0, \ \forall j = 1, \ldots, n, \ x_j s_j = \tau\}$$

である．

　点 $(x, y, s) \in \mathcal{X}^0$ が与えられたとき，中心パスを近似的にたどるアルゴリズムを制御するために，次の相補性条件からの**平均距離** (average distance)

$$\mu(x, s) := \Big(\sum_{j=1}^{n} x_j s_j\Big)\Big/ n$$

を利用できる．この距離は，**平均双対ギャップ** (average duality gap) ともよばれている．単純な主双対内点法は，$0 \leq \sigma \leq 1$ について $F_{\sigma\mu(x,s)}$ にニュートン法を適用したもので，

$$x_j s_j = \sigma\mu(x, s) \quad (j = 1, \ldots, n)$$

を解くことを試みる．

　以上よりアルゴリズム 11.3 が得られる．

アルゴリズム 11.3 単純な主双対内点法 (σ)

- 初期点 $(x, y, s) \in \mathcal{X}^0$ から開始する．
- 次の点 $(x, y, s) + (\Delta x, \Delta y, \Delta s)$ を生成する．ただし，探索方向 $(\Delta x, \Delta y, \Delta s)$ は $F_{\sigma\mu(x,s)} = \mathbf{0}$ にニュートン法を適用して求める．
- 上記の点生成を繰り返す．

　$\sigma = 0$ のとき，このアルゴリズムは素朴な主双対内点法と一致する．$\sigma = 1$ のとき，このアルゴリズムはすべての $x_j s_j$ が現在の点の平均双対ギャップと等しくなる C 上の点を求めることを試みる．平均双対ギャップがまったく減少しないという意味で，このアルゴリズムは最適解を求めるという目的に関しては慎重すぎる．このアルゴリズムでは，次の点 $(x, y, s) + (\Delta x, \Delta y, \Delta s)$ が実行可能である保証はないが，中心パスに近づこうとするため $\mathcal{X}^0$ に留まる傾向がある．

例11.2　再度，シャトーマキシム生産問題（例 1.1）を見てみよう．図 11.5 は，$\sigma = 0.6, \sigma = 0.4, \sigma = 0.2$ の場合に対する単純な主双対内点法の挙動を示している．σ が小さいほど速く収束する．しかしながら，σ が小さすぎるとき（$\sigma = 0.2$），4 番目の点が実行可能領域の境界に非常に近い点にあることから，中心パスをたどっていないかもしれない．σ が大きいとき（$\sigma = 0.8$），アルゴリズムは慎重でゆっくりと動く．

図 11.6 は，$\sigma = 0.9$ という慎重な設定での単純な主双対内点法の挙動を図示している．図からもわかるように最初の 10 点は初期点の近傍に留まっている．その後の点列は中心パスの近くをたどり，最終的に最適解に接近している．

最後に，$n = 3$，$\epsilon = 1/5$ とした Klee-Minty の例 (11.1) に対する単純な主双対内点法の挙動を図 11.7 に示す．初期点は，$(1/2, 1/2, 1/2)$ とした．

▶ **演習問題 11.3**　好みの計算機言語を用いて，単純な主双対内点法（アルゴリズム 11.3）を実装しなさい．生成点列を簡単にプロットできる Maple や Mathematica のような高級言語を利用して，あなたがプロットしたものと図 11.5 を比較しなさい．

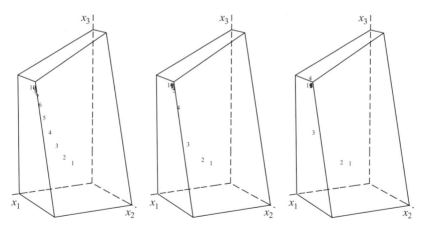

図 11.5　$\sigma = 0.6$（左），$\sigma = 0.4$（中央），$\sigma = 0.2$（右）についての単純な主双対内点法の最初の 10 点

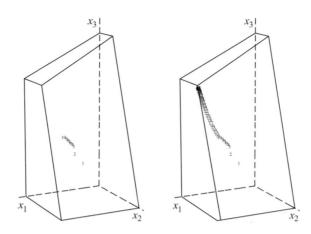

図 11.6　$\sigma = 0.9$ での単純な主双対内点法が生成する最初の 10 点と 50 点

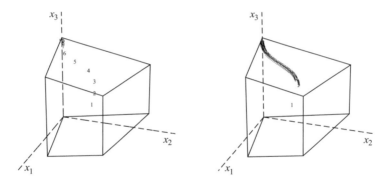

図 11.7　3 次元 Klee-Minty の例に対する単純な主双対内点法の挙動：（左，$\sigma = 0.4$，最初の 10 点）と（右，$\sigma = 0.9$，最初の 60 点）

11.3.3　多項式計算量

　前項では，中心パスをたどり，最適解に収束させるための基本的アイデアを述べた．線形計画問題に対する多項式時間アルゴリズムを構築するようにこのアイデアを機能させるためには，注意深く協調させるべき追加のアイデアがある．

　以降の議論のために，入力データ c, b と A の成分は整数とする．また L をこれらの入力の 2 進表記長，より正確には L_0 を各成分 c_j, b_i, a_{ij} の 2 進表記長の総和とし，

$$L := L_0 + mn + m + n$$

とする. mn の項は a_{ij} を記憶する際の区切りの個数, n は c_j の区切りの個数, m は b_i の区切りの個数と解釈できる.

精製 (Purification) これは, 任意の実行可能解 x から実行可能基底解 x' へと目的関数を減少させないように移動させる手続きである. この手続きは**雨粒法 (raindrop procedure)** ともよばれ, 実行可能領域の内点から雨粒を落としたときに底の頂点に至る様子を表している. この設定では, 目的関数ベクトル c は垂直下向きである. ある種のピボット演算を用いることで, この挙動を代数的に模倣することは難しくない.

十分な近傍 (Satisfactory Neighborhood) 精製が最適基底解を導くには, 生成点 (x^k, y^k, s^k) がどの程度基底解に近づいたときだろうか.

鍵となる主張は, 2 つの実行可能基底解 x と x' の目的関数値が異なるとき, $c^\top x > c^\top x'$ とするとき, 2^{-L} は $c^\top x - c^\top x'$ の L に関する下界となる. 2 進表記でのこの数値は, L に関して線形の桁数 (すなわち, $L+$ 定数) で抑えられる. すなわち, $(x^k)^\top s^k < 2^{-L}$ ならば, y^* を双対最適解とし, z^* を最適値とすると

$$c^\top x^k = b^\top y^k - (x^k)^\top s^k \geq b^\top y^* - (x^k)^\top s^k > z^* - 2^{-L}$$

となる. これより $(x^k)^\top s^k < 2^{-L}$ は, 正しい終了規準である.

パラメータ σ とステップ幅 α の決定 (Fixing Parameter σ and Step Length α) 明確な多項式計算量を得るには, ステップ幅とパラメータを注意深く制御する必要がある. 最も重要な論点は, 平均双対ギャップ $\mu(x^k, s^k)$ が急速に減少することを示すことである. より正確には, 任意の $\epsilon \in (0, 1)$ に対して, ある正定数 δ と ω が存在し, 主双対内点法が

$$\mu(x^{k+1}, s^{k+1}) \leq \left(1 - \frac{\delta}{n^\omega}\right) \mu(x^k, s^k)$$

を満たす点列 (x^k, y^k, s^k) を生成し, さらに初期平均双対ギャップが小さいとき, すなわち, ある正定数 κ が存在し $\mu(x^0, s^0) \leq 1/\epsilon^\kappa$ であるとき, ある $K = O(n^\omega |\log \epsilon|)$ が存在し,

$$\mu(x^k, s^k) \leq \epsilon \quad \forall k \geq K$$

となる. $\epsilon = n2^{-L}$ と設定することで, 必要な反復回数は $O(n^\omega L)$ となり, 入力長に関する多項式計算量となる. これは反復回数の計算量であり, 正確な計算量ではニュートン方程式を解くための計算量を掛ける必要があるが, この計算量も入力長の多項式で抑えられる.

　関連したアルゴリズムにポテンシャル減少法があるが, これは主双対内点法と同じ探索方向を用いるが, ステップ幅を最適解へと誘導するポテンシャル関数を近似的に最小化するように決める. このアルゴリズムは知られている最良の反復回数 $O(\sqrt{n}\,L)$ を達成する.

11.3.4　実用において多項式計算量はどの程度重要か

　多くの最適化分野の研究者は, 内点法はその多項式計算量から実用上も効率的であると主張するだろう. 残念ながら, 多項式時間内点法の正確な実装は存在しない. 理由は明らかで, 終了規準 $(x^k)^\top s^k < 2^{-L}$ を評価するためには, 非常に高い精度の四則演算（すなわち 2 進で L 桁）を必要とし, 適度な大きさの L, 例えば 10,000 のときですらこの計算を適切な時間で実行することはできない. さらに, 厳密なアルゴリズムは x^k と s^k のいくつかの成分がかなり小さな値になったときにニュートン方程式を解くことを必要とする. もちろん, 厳密な有理数演算を用いて, ニュートン法を正確に実装することはできるが, 個々の方程式を解くために膨大な時間を要してしまう.

　単純に終了規準を無視し, $(x^k)^\top s^k < 2^{-38}$ のように乱暴に単純化して実装したならば, 主双対内点法が大規模問題に対して実用的であるという多くの証拠がある. これらのアルゴリズムは L とは独立な反復回数で終了し, 利用者が数値誤差をあまり気にしないとき, 特に目的が数学的な主張を証明するためではないとき, 利用価値が高くなる. 一方, 数学的主張を証明するために線形計画問題を解く必要がある場合には, 厳密な有理数演算を用いた単体法の実装は非常に強力な道具である. なぜならば, この計算には L を利用する必要がないからである. 厳密な（有理数）解を求めることが保証された内点法の効率的な実装を開発することは難しく, 挑戦的な課題である.

第 12 章 ▌▌▌▌▍

フリーソフトウエアを使ってみよう

　本章では計算機に不慣れな読者を想定し，インストールも利用も簡単なフリーソフトウエアを紹介することが目的である．線形計画問題や整数線形計画問題を解くことができるフリーソフトウエア LP_solve を対象として，インストールの方法と利用例を紹介する．Mac ではターミナルを利用するとインストールも利用も簡単であるため，コマンドラインによるインストールと利用例を紹介する．一方，Windows では LP_solve の IDL（Interface Description Language；インターフェイス記述言語）のインストールと利用例を紹介する．

　SCIP [47] などその他のソフトウエアについては，ネット検索によりインストールと利用の方法を調べて欲しい．

12.1　LP_solve のインストール

　まず，Mac へのインストールの方法を紹介する．ここでは macOS Catalina へのインストールを紹介するが，うまくいかない場合はネット検索でインストール方法を確認して欲しい．

Mac への LP_solve のインストール

1. ターミナルを起動する，
2. ターミナルで以下を実行する [1]．

```
brew tap brewsci/science
brew install lp_solve
```

以上でインストールは終了である．

---

[1] HomeBrew をインストールする必要があり，このインストールについては https://brew.sh を参照のこと．

Windows への LP_solve のインストール

1. https://sourceforge.net/projects/lpsolve/ を開く（lpsolve install windows というキーワードで検索できるページ）.
2. lp_slove_*.*.*_IDE_Setup.exe をダウンロードし，インストールを実行する.

これにより，デスクトップに LP_solve IDE がインストールされる.

12.2　LP_solve での問題の記述

LP_solve は，いくつかの問題記述形式を読み込むことができるが，ここでは最も簡単な LP_file_format とよばれるものを紹介する.

最初に，シャトーマキシム生産問題（例 1.1）：

$$
\begin{array}{llll}
\text{最大化} & 3x_1 + 4x_2 + 2x_3 & & \\
\text{制　約} & 2x_1 & & \leq 4 \\
& x_1 & + 2x_3 & \leq 8 \\
& & 3x_2 + x_3 & \leq 6 \\
& \multicolumn{3}{c}{x_1 \geq 0,\ x_2 \geq 0,\ x_3 \geq 0}
\end{array}
$$

を LP_file_format で記述してみる．この記述法は非常に直接的で，以下のように書く.

```
max: 3 x1 + 4 x2 + 2 x3;
 c1: 2 x1              <= 4;
 c2:    x1      + 2 x3 <= 8;
 c3:         3 x2 +   x3 <= 6;
 0 <= x1;
 0 <= x2;
 0 <= x3;
```

ここでは，ファイル ex11.lp に上記の表現を記録したとする．また上記においてすべての変数は負の値も取れる，すなわち自由な変数とすると

```
max: 3 x1 + 4 x2 + 2 x3;
 c1: 2 x1              <= 4;
 c2:    x1      + 2 x3 <= 8;
 c3:         3 x2 +   x3 <= 6;
free x1, x2, x3;
```

のように記述する.

次に第 8 章で扱ったナップサック問題:

$$\begin{aligned}
\text{最大化} \quad & 10x_1 + 80x_2 + 40x_3 + 30x_4 + 22x_5 \\
\text{制 約} \quad & x_1 + 9x_2 + 5x_3 + 4x_4 + 3x_5 \leq 13 \\
& x_1, x_2, x_3, x_4, x_5 \in \{0, 1\}
\end{aligned}$$

を記述すると,

```
max: 10x1 + 80x2 + 40x3 + 30x4 + 22x5;
 c1:   x1 +  9x2 +  5x3 +  4x4 +  3x5 <= 13;
bin x1, x2, x3, x4, x5;
```

のように bin (binary の略) を用いて, 各変数が 0 か 1 であることを指定する.
上記をファイル knapsack.lp に記録したとする.

最後に演習問題 8.3;

$$\begin{aligned}
\text{最大化} \quad & -x_1 + 6x_2 \\
\text{制 約} \quad & -x_1 + 4x_2 \leq 7 \\
& 3x_1 + 5x_2 \leq 22 \\
& x_1, x_2 \geq 0 \\
& x_1, x_2 \in \mathbb{Z}
\end{aligned}$$

を記述すると,

```
max: - x1 + 6 x2;
 c1: - x1 + 4 x2 <= 7;
 c2: 3 x1 + 5 x2 <=22;
 0 <= x1;
 0 <= x2;
int x1, x2;
```

のように int (integer の略) を用いて, x_1, x_2 が整数であることを指定する.
上記を ex83.lp に記録したとする.

12.3 LP_solve で線形計画問題を解く

シャトーマキシム生産問題 (例 1.1) を LP_solve で解いてみよう.

Mac での LP_solve の実行例

LP_slove を利用してこの問題を解くには，ターミナルで

```
lp_solve ex11.lp
```

と打ち込むと，

```
Value of objective function: 16.00000000
Actual values of the variables:
x1                          2
x2                          1
x3                          3
```

と，最適解が $(2,1,3)$ で最適値が 16 であることが出力される．もし，感度分析
もしたいときには

```
lp_solve -S4 ex11.lp
```

とオプションを付けて実行すると，

```
Value of objective function: 16.00000000
Actual values of the variables:
x1                          2
x2                          1
x3                          3
Actual values of the constraints:
c1                          4
c2                          8
c3                          6
Objective function limits:
                       From          Till      FromValue
x1                0.3333333         1e+30         -1e+30
x2                        0             6         -1e+30
x3                 1.333333      7.333333         -1e+30
Dual values with from - till limits:
                Dual value          From           Till
c1                 1.333333             0             16
c2                0.3333333             2             14
c3                 1.333333             3          1e+30
x1                        0        -1e+30          1e+30
x2                        0        -1e+30          1e+30
x3                        0        -1e+30          1e+30
```

と出力される．`Actual values of the constraints` は，求めた最適解が満たすそれぞれの制約式の左辺の値を示している．その他の部分は，3.3 節の LINDO と CPLEX を利用した感度分析と比較して欲しい．`1e+30` を `infinity` と読み替えれば CPLEX の出力と類似している．

Windows での LP_solve の実行例

インストールした LP_solve IDL を立ち上げると図 12.1 のような画面が出てくる．図 12.1 では Source ボタンが押された状態であるが，この画面に解きたい問題を直接入力してもよいし，あるいは左上の `File` ボタンを押してファイルから問題を読み込むこともできる．図 12.1 は，`ex11.lp` を読み込んだ状態である．

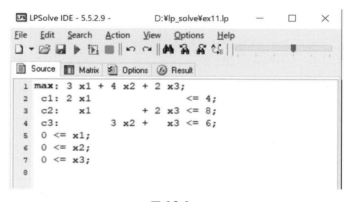

図 12.1

Source 画面に入力した問題を解く場合は，2 段目左から 4 番目の三角ボタンを押すか，1 段目の `Action` ボタンを押した後に Solve を選択する．

解いた結果を見るためには，3 段目左から 4 番目の Result ボタンを押すと 4 段目に 3 つのボタン `Objective`, `Constraints`, `Sensitivity` が現れる．問題 `ex11.lp` に対しては，`Objective` を押すと最適値と最適解の情報が画面に現れ，`Constraints` を押すとこの最適解が制約式をどの程度満たすかの情報が出てくる．Mac のときと同様である．図 12.2 は，これらを表示したものである．

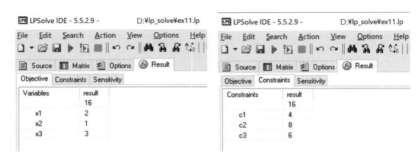

図 12.2

　感度分析の結果を見たいときには，Sensitivity ボタンを押す．これにより，
5 段目に Objective，Duals というボタンが現れ，これらを押すことで，目的
関数の係数や制約式の右辺定数項の変化に関する感度分析の情報が画面に出る．
図 12.3 はそれぞれのボタンを押した際の様子であり，本質的に Mac の場合と
同様である．

図 12.3

12.4　LP_solve で整数計画問題を解く

　基本的には整数計画問題も線形計画問題と同様に解くことができる．12.2 節
で記述した 2 題の整数計画問題を Mac で LP_solve を用いて解いてみる．
　まず，ナップサック問題については

```
lp_solve   knapsack.lp
```

と実行することで,

```
Value of objective function: 112.00000000
Actual values of the variables:
x1                         1
x2                         1
x3                         0
x4                         0
x5                         1
```

となる.

　演習問題 8.3 については

```
lp_solve   ex83.lp
```

と実行することで,

```
Value of objective function: 11.00000000
Actual values of the variables:
x1                         1
x2                         2
```

となる.

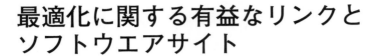
最適化に関する有益なリンクと
ソフトウエアサイト

一般的な最適化／オペレーションズ・リサーチのサイト

1. NEOS Optimization Guide [40] では，線形計画問題と非線形計画問題に対する商用と非商用のソフトウエアに関する多くの情報と html リンクを掲載している．

2. INFORMS OR/MS Resource Page（Michael Trick のオペレーションズ・リサーチページとしても知られている）[52] は，オペレーションズ・リサーチに関する一般的な情報を掲載した素晴らしいウエッブページである．このページは，オペレーションズ・リサーチ関係の学会，学術雑誌，ソフトウエアとオンライン FAQ への多くのリンクを掲載している．

3. 線形計画問題・整数計画問題についての日本語のページとして [34] は，最新のソフトウエア情報や整数計画問題を実際に解く際の有益な助言が多数掲載されている．

線形計画問題に関する参考文献

1. 1.5 節での線形計画問題に関する初期の歴史は主に Dantzig の古典的な図書 [9] による．

2. 線形計画問題の理論に関する良書として [5, 44, 53] を挙げる．和書としては，[39, 51] など多数の図書がある．

3. 第 4 章の強双対定理の証明は非常に独創的で，そのアイデアは [16, 19] で見ることができる．

4. 第 11 章で紹介した線形計画問題に対する内点法は，良書 [57] を参考にしている．この本では，多項式時間内点法の詳細を含む．和書としては，

[31] を挙げる.

5. 5.4 節で議論したように,多項式時間ピボットアルゴリズムが存在するかどうかは広く認知された未解決問題である.ある種のランダム化（双対）単体法に関する劣指数な計算量の研究がある,[23, 25, 26, 46] を参照のこと.実装と計算機実験が [12, 13] で報告されている.

　（図 4.4 で示した）許容ピボット演算を使って多項式時間アルゴリズムを目指すまったく異なるアプローチが存在する.十文字法はこのタイプの 1 つである.いくつかの良好な結果が [18, 20] で与えられている.それは,任意の基底解から最適基底解への非常に短い（線形長の）許容ピボット演算列が存在することを主張している.予想 5.5 で述べられているランダム化十文字法の多項式時間性は,[14] において線形相補性問題という一般的な枠組みで与えれらている.

6. 演習問題 5.2 で,整数計画問題に対する Gomory の切除平面法を議論した.整数計画問題を解くための多くのアルゴリズムが存在する.この話題に関する簡潔な良い紹介として Wolsey の本 [56] がある.

計算量理論に関する参考文献

1. 計算量理論に関する良書として [1, 22, 41] を挙げる.和書も [50, 55] など多くの図書がある.
2. 計算量理論の Stephen Cook の成果は [6] で与えられた.

組合せ最適化に関する参考文献

1. 最小費用マッチングを求める Edmonds の多項式時間アルゴリズムは [10] で与えられた.
2. 中国人郵便配達問題に対する多項式時間アルゴリズムは [11] で与えられた.
3. 組合せ最適化に関する良書として [7, 24, 44, 45, 56] を挙げる.いくつかの古典的な本,例えば [32, 42] も未だ有益である.
4. ネットワークフローとそれに対するアルゴリズムを深く学ぶには,[2] と和書 [48] は有益である.

5. 紹介した近似アルゴリズムに関する結果は，良書 [54] を参考にしている．

6. 組合せ最適化の枠組みのひとつである離散凸解析については [37, 38] が良い．

最適化およびオペレーションズ・リサーチに関する参考文献

1. 非線形最適化の理論については [21] を挙げる．

2. 非線形最適化の機械学習への応用については [27] を挙げる．

3. 最適化全般については，[51, 58, 59] などがある．

4. オペレーションズ・リサーチの入門書として，[36] を挙げる．

有益なソルバーとライブラリ

1. 線形計画問題／整数計画問題に対するソース公開のソルバーがいくつかある．それらすべてのリストを示すのは簡単ではない．リストは常に大きくなるため検索して欲しい．本書で利用した 2 つのコードは，LP_solve [4] と SoPlex [49] である．特に，LP_solve は感度分析に関する有益な結果を与える．CPLEX や LINDO という商用のソルバーは，感度分析の機能を提供している．

2. 巡回セールスマン問題に対する最も効率的なコードの 1 つ，Concorde が [3] から利用できる．これは，Lin-Kernighan の発見的アルゴリズムを含んでいる．Edmonds の最小重みマッチングアルゴリズムの非常に効率的な実装が [8] から利用でき，これは Concorde ライブラリを利用している．その後 LEDA を必要とする実装で，さらなる改善がなされたという報告があった [35]．

3. 分枝限定法，バックトラック探索，逆探索などの探索アルゴリズムに関するライブラリが [33] で利用できる．このライブラリでは，並列計算の知識なしでも，ネットワークでつながった複数の計算機や並列計算機を利用して分枝限定法や列挙アルゴリズムを並列実装するために利用できる．

演習問題の解答

演習問題のいくつかについて解答例を与える．残った問題については，自身で答えて欲しい．

演習問題 1.1 （線形計画問題の図による解答）

実行可能領域などを図示すると図 S.1 のようになる．

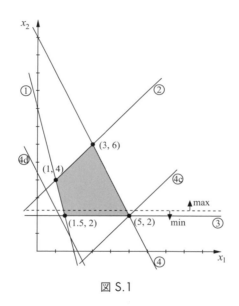

図 S.1

(a) 直線 $x_2 = c$ を平行移動すると，$(3, 6)$ が最適解であることがわかる．

(b) この場合は最適解は一意ではない．すべての最適解は $(x_1, 2)$，$1.5 \leq x_1 \leq 5$ となる．

(c) 第 4 制約式を等号で満たす直線を点 $(5, 2)$ を中心に回転させればよい．例えば，$-x_1 + x_2 \geq -3$（図中の (4c)）は 1 つの答えである．

(d) 第 4 制約式の右辺定数を変更する．これは第 4 制約式を平行移動することに対応する．右辺定数が 5 未満（例えば図中の (4d)）ならば最大化問題は実行不可能と

なるので，答えは $2x_1 + x_2 \leq a, a < 5$ となる．もちろん，最小化問題も実行不可能である．

(e) (c) の非有界性：半直線 $(1.5, 2) + \alpha(1, 1), \alpha \geq 0$ を考える．この半直線は実行可能領域に含まれ，また α を増やすことで目的関数値は増加する，すなわち目的関数を上から抑えることはできない．

(d) の実行不可能性：第 4 制約式の右辺を α とし，第 1 制約式と第 4 制約式の 2 倍を加えると $x_2 \leq -8 + 2a$ を得る．(d) の状況では，$\alpha < 5$ であるので，$x_2 \leq -8 + 2a < -8 + 10 = 2$ を得るが，これは第 3 制約式 $x_2 \geq 2$ に矛盾する．

(a) の最適性：第 2 制約式の 2 倍と第 4 制約式を加えると，$3x_2 \leq 18$ を得る．すなわち，6 は最適値の上界となる．

(b) の最適性：第 3 制約式より $x_2 \geq 2$ であり，2 は最適値の下界となる．

演習問題 2.4 （相補性条件）

双対問題は以下のようになる．

$$\text{最小化} \quad 6y_1 + 7y_2$$
$$\text{制 約} \quad 2y_1 + y_2 \geq 5 \tag{S.1}$$
$$\phantom{\text{制 約} \quad 2}y_1 + 2y_2 \geq 3 \tag{S.2}$$
$$\phantom{\text{制 約} \quad 2}y_1 + y_2 \geq 1 \tag{S.3}$$
$$\phantom{\text{制 約} \quad 2}y_i \geq 0 \quad (i = 1, 2).$$

双対問題の実行可能領域は図 S.2 のようになる．

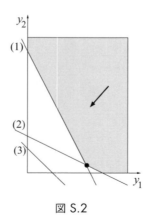

図 S.2

図より $(y_1^*, y_2^*) = \left(\frac{7}{3}, \frac{1}{3}\right)$ が双対最適解であることがわかる．なぜならば，制約式 (S.1) と (S.2) は等号で満たされ，一方制約式 (S.3) はそうではない．相補性条件より，$x_3^* = 0$

を得る．さらに $y_1^* \neq 0$ と $y_2^* \neq 0$ より，主問題の最初の 2 本の不等式は最適解において等号で満たされる．すなわち，既に $x_3^* = 0$ がわかっているので，

$$2x_1^* + x_2^* = 6, \qquad x_1^* + 2x_2^* = 7$$

となる．これを解くと，主最適解は $(x_1^*, x_2^*, x_3^*) = (\frac{5}{3}, \frac{8}{3}, 0)$ で最適値は $16\frac{1}{3}$ となる．

演習問題 3.2 （シャトーマキシム：パート 2）

(a) まず畑の変更によるピノノワールの供給量の増分を u_p 単位とすると，ガメイの供給量は逆に u_p だけ減少する（これらのブドウは畑 1 単位あたりの生産量が同じである）．現在のピノノワールの畑の半分までガメイの畑にできるので（$\frac{1}{2} \times 4 = 2$ より）$u_p \geq -2$ であり，同様に（$\frac{1}{4} \times 8 = 2$ より）$u_p \leq 2$ である．以上より，次の線形計画問題を得る．

$$
\begin{array}{llll}
\text{最大化} & 3x_1 + 4x_2 + 2x_3 & \\
\text{制約} & 2x_1 & - u_p \leq 4 \\
& x_1 & + 2x_3 + u_p \leq 8 \\
& 3x_2 + x_3 & \leq 6 \\
& & u_p \leq 2 \\
& & - u_p \leq 2 \\
& x_1, \quad x_2, \quad x_3 & \geq 0.
\end{array}
$$

最適解は $(x_1, x_2, x_3, u_p) = (3, 1.5, 1.5, 2)$ で，最適値は 18 である．

(b) 畑 1 単位あたりのガメイの利益がピノノワールの 5 倍のときは，定式化は少し複雑になる．v_p をガメイの代わりにピノノワールとする畑の単位とする．ただし，この 1 単位あたりピノノワールの生産量が 1 単位でガメイの生産量は 5 単位であるとする．v_p の制限はどのようになるだろうか．ピノノワールの畑の半分まで再耕作できるので $-v_p \leq \frac{4}{1} \times \frac{1}{2}$（ピノノワールの畑は $\frac{4}{1}$ 単位）であり，ガメイの畑の $\frac{1}{4}$ まで再耕作できるので $v_p \leq \frac{8}{5} \times \frac{1}{4} = 0.4$（ガメイの畑は $\frac{8}{5}$ 単位）である．これより次の線形計画問題を得る．

$$
\begin{array}{llll}
\text{最大化} & 3x_1 + 4x_2 + 2x_3 & \\
\text{制約} & 2x_1 & - v_p \leq 4 \\
& x_1 & + 2x_3 + 5v_p \leq 8 \\
& 3x_2 + x_3 & \leq 6 \\
& & v_p \leq 0.4 \\
& & - v_p \leq 2 \\
& x_1, \quad x_2, \quad x_3, & \geq 0.
\end{array}
$$

最適解は $(x_1, x_2, x_3, v_p) = (\frac{16}{11}, 0, 6, -\frac{12}{11})$ で，最適値は $16\frac{4}{11} \cong 16.3636$ である．
　LP_solve で解く際は，入力を以下のようにして v_p に非負制約がないことを記述する．

```
max: 3 x1 + 4 x2 + 2 x3;
 c1: 2 x1                  - vp <= 4;
 c2:    x1       + 2 x3  +5vp <= 8;
 c3:         3 x2 +   x3        <= 6;
 c4:                        vp <= 0.4;
 c5:                       -vp <= 2;
 0 <= x1;
 0 <= x2;
 0 <= x3;
 free vp;
```

ちなみに LP_solve による計算結果は，以下のようになる．

```
Value of objective function: 16.36363636
Actual values of the variables:
x1                    1.45455
x2                          0
x3                          6
vp                   -1.09091
```

演習問題 4.2 （十文字法と辞書）

x_3, x_4, x_5, x_6 をスラック変数として導入し，添字の全順序を $1 < 2 < 3 < 4 < 5 < 6$ とする．

(a) $2x_1 + x_2 \leq 12$ を加えると次の線形計画問題を得る．

$$\begin{array}{rll}
(\text{LP 2}) & \text{最大化} & x_2 \\
& \text{制 約} & -4x_1 - x_2 \leq -8 \\
& & -x_1 + x_2 \leq 3 \\
& & -x_2 \leq -2 \\
& & 2x_1 + x_2 \leq 12 \\
& & x_1 \geq 0 \\
& & x_2 \geq 0 .
\end{array}$$

対応する初期辞書は図 S.3 左で，以降
 1. $k = x_2 \in N, s = x_2, r = x_4 \to (x_4, x_2)$ を中心としたピボット演算
 2. $k = x_1 \in N, s = x_1, r = x_6 \to (x_6, x_1)$ を中心としたピボット演算
を実行し，図 S.3 右の最適辞書を得て，最適解は $x_1 = 3$ と $x_2 = 6$ となる．

	g	x_1	x_2
f	0	0	1
x_3	-8	4	1
x_4	3	1	-1
x_5	-2	0	1
x_6	12	-2	-1

$\Longrightarrow$

	g	x_1	x_4
f	3	1	-1
x_3	-5	5	-1
x_2	3	1	-1
x_5	1	1	-1
x_6	9	-3	1

$\Longrightarrow$

	g	x_6	x_4
f	6	$-\frac{1}{3}$	$-\frac{2}{3}$
x_3	10	$-\frac{5}{3}$	$\frac{2}{3}$
x_2	6	$-\frac{1}{3}$	$-\frac{2}{3}$
x_5	4	$-\frac{1}{3}$	$-\frac{2}{3}$
x_1	3	$-\frac{1}{3}$	$\frac{1}{3}$

図 S.3

演習問題 4.3 （Fourier-Motzkin の消去法）

(a) $TAx \leq Tb$ では変数 x_1 が消去されるような行列 T を求める．変数 x_1 を消去するために，行 A_i $(i \in I^+)$ と行 A_j $(j \in I^-)$ のすべての組合せを考える必要があり，T の最初の $|I^-| \cdot |I^+|$ 行はこれらの組合せに対応する．固定した $A_i x \leq b_i$ $(i \in I^+)$ と $A_j x \leq b_j$ $(j \in I^-)$ から x_1 を消去するためには次のような線形結合を考えなければならない．

$$a_{i1}(A_j x) + |a_{j1}|(A_i x) \leq a_{i1} b_j + |a_{j1}| b_i \tag{S.4}$$

$$\Updownarrow$$

$$\underbrace{(a_{i1} a_{j1} + |a_{j1}| a_{i1})}_{} = 0 x_1 + a_{i1} \sum_{k=2}^{n} a_{jk} x_k + |a_{j1}| \sum_{k=2}^{n} a_{ik} x_k$$
$$\leq a_{i1} b_j + |a_{j1}| b_i.$$

すなわち，T の (ij) 行は

$$T_{(ij)} = [0 \quad \cdots \quad 0 \quad \overset{j}{a_{i1}} \quad 0 \quad \cdots \quad 0 \quad \overset{i}{|a_{j1}|} \quad 0 \quad \cdots \quad 0]$$

で与えられ，$T_{(ij)} A x \leq T_{(ij)} b$ は (S.4) と同一である．$A_k x \leq b_k$ $(k \in I^0)$ には変数 x_1 は現れず，これらの不等式はそのまま残す必要があるので，

$$T = \left(\begin{array}{c|c} T_{(ij)} & 0 \\ \hline 0 & I^{|I^0|} \end{array} \right) \in \mathbb{R}^{m' \times m}$$

を得る．T のすべての成分は非負である．

演習問題 4.4 （単体法（第 1 段階と第 2 段階））

(c) 例えば最終辞書

	x_g	x_1	x_5
x_f	40	0	-2
x_3	21	-0.5	-1.5
x_2	10	-0.5	-0.5
x_4	4	3	-1

を得て，最適値は 40 で，$x_B^\top = (x_2, x_3, x_4)^\top = (10, 21, 4)$ は最適解である．今回は最適解は一意的ではない．上記の最終辞書に対して，(x_2, x_1) を中心としたピボット演算を実行しても目的関数の値は変わらず，実行可能解 $x_B^\top = (x_1, x_3, x_4)^\top = (20, 11, 64)$ を得る．

	x_g	x_2	x_5
x_f	40	0	-2
x_3	11	1	-1
x_1	20	-2	-1
x_4	64	-6	-4

実際にこの場合は，すべての最適解は $\{(x_1, x_2) \in \mathbb{R}^2 : x_1 + 2x_2 = 20,\ x_1 \geq 0,\ x_2 \geq 0\}$ と表現できる．

演習問題 5.1 （端点）

ヒント：$\overline{x}$ が端点だが，初等的解でないと仮定する．Ω の中に $\overline{x}$ とは異なる 2 点 x^1，x^2 で $\overline{x} = (x^1 + x^2)/2$ を満たすものを構成することで矛盾を導く．

演習問題 5.2 （Gomory カット）

(b) この辞書は 3 つの等式

$$x_f + 5/9 x_3 + 14/9 x_2 = 200/9$$
$$x_1 + 1/9 x_3 + 10/9 x_2 = 40/9$$
$$x_4 \qquad + \qquad x_2 = 2$$

を意味する．最初の等式は，Gomory カット

$$5/9 x_3 + 5/9 x_2 = 2/9 + x_5, \quad x_5 \geq 0, \quad x_5 \in \mathbb{Z}$$

を与える．同様に，その他の等式は以下の Gomory カット

$$1/9 x_3 + 1/9 x_2 = 4/9 + x_6, \quad x_6 \geq 0, \quad x_6 \in \mathbb{Z}$$

$$0 = \quad 0 + x_7, \quad x_7 \geq 0, \quad x_7 \in \mathbb{Z}$$

を与える．明らかに，現在の基底解が Gomory カットを満たさないための必要十分条件は $b_i' \notin \mathbb{Z}$ である．

(c) 等式

$$5/9x_3 + 5/9x_2 = 2/9 + x_5, \quad x_5 \geq 0, \quad x_5 \in \mathbb{Z}$$

を辞書に追加することで，双対実行可能性は保存したまま主実行可能性が壊れる．双対単体法の（一意的に定まる）ピボット演算を一度実行すると，次のような辞書を得る．

	g	3	2
f	$200/9$	$-5/9$	$-14/9$
1	$40/9$	$-1/9$	$-10/9$
4	2	0	-1
5	$-2/9$	$\mathbf{5/9}$	$5/9$

$\Longrightarrow$

	g	5	2
f	22	-1	-1
1	$22/5$	$-1/5$	-1
4	2	0	-1
3	$2/5$	$9/5$	-1

この辞書は最適だが，対応する基底解はまだ整数解ではない．

(d) $1 \in B$ に対する Gomory カットを追加し，双対単体法のピボット演算を実行すると

	g	3	2
f	$200/9$	$-5/9$	$-14/9$
1	$40/9$	$-1/9$	$-10/9$
4	2	0	-1
6	$-4/9$	$\mathbf{1/9}$	$1/9$

$\Longrightarrow$

	g	6	2
f	20	-5	-1
1	4	-1	-1
4	2	0	-1
3	4	9	-1

と整数最適解を得る．

(e) 基本アイデアは単純である．線形緩和問題に対する現在の最適解が整数解でないならば，この最適解が満たさない Gomory カットを生成し，追加する．双対単体法を実行する．整数最適解を得るまで上記の操作を繰り返す．これは Gomory の切除平面法として知られるものである．カットを生成する行の選択を注意深く実施しないと，この方法は終了しない可能性がある（[56, p. 133] 参照）．注意深く構築し有限終了する Gomory の切除平面法は，実用的ではないかもしれない．しかし，Gomory の切除平面法は整数計画問題の最適値の良い上界を得るために有益となり得る．

演習問題 6.2　（最短路）

(a) Dijkstra アルゴリズムの反復の様子を表 S.1 にまとめる．表中で，DIST は頂点 1 からの距離のその時点での上界，PRE はその時点での頂点 1 からの最短路候補の直前の頂点を表し，F = 1 はその頂点が最終的にマークされたことを意味し，F = 0 はそれ以外の状態を意味する．

表 S.1

選択中頂点		頂点 2	頂点 3	頂点 4	頂点 5	頂点 6
	DIST	2	8	∞	∞	∞
初期化	PRE	1	1	/	/	/
	F	0	0	0	0	0
	DIST	2	7	5	∞	∞
$k=2$	PRE	1	2	2	/	/
	F	1	0	0	0	0
	DIST	2	6	5	12	11
$k=4$	PRE	1	4	2	4	4
	F	1	0	1	0	0
	DIST	2	6	5	6	10
$k=3$	PRE	1	4	2	3	3
	F	1	1	1	0	0
	DIST	2	6	5	6	10
$k=5$	PRE	1	4	2	3	3
	F	1	1	1	1	0
	DIST	2	6	5	6	10
$k=6$	PRE	1	4	2	3	3
	F	1	1	1	1	1

よって，頂点 1 から頂点 6 への最短路は

$$1 \to 2 \to 4 \to 3 \to 6$$

で最短路長は 10 である．

(b) 行列 U は

$$U = \begin{bmatrix} 0 & 2 & 8 & \infty & \infty & \infty \\ \infty & 0 & 5 & 3 & \infty & \infty \\ \infty & 6 & 0 & \infty & 0 & 4 \\ \infty & \infty & 1 & 0 & 7 & 6 \\ \infty & \infty & \infty & 4 & 0 & \infty \\ \infty & \infty & \infty & \infty & 2 & 0 \end{bmatrix}$$

と定まる．$m \geq n-1$ に対して $U^{(m)}$ を計算すれば十分である，なぜならば $n-1$ 本以上の辺を含むパスはサイクルを含み最短ではない．例えば，$U^{(8)}$ は以下のように計算できる．

$$U^{(2)} = U \otimes U = \begin{bmatrix} 0 & 2 & 7 & 5 & 8 & 12 \\ \infty & 0 & 4 & 3 & 5 & 9 \\ \infty & 6 & 0 & 4 & 0 & 4 \\ \infty & 7 & 1 & 0 & 1 & 5 \\ \infty & \infty & 5 & 4 & 0 & 10 \\ \infty & \infty & \infty & 6 & 2 & 0 \end{bmatrix},$$

$$U^{(4)} = U^{(2)} \otimes U^{(2)} = \begin{bmatrix} 0 & 2 & 6 & 5 & 6 & 10 \\ \infty & 0 & 4 & 3 & 4 & 8 \\ \infty & 6 & 0 & 4 & 0 & 4 \\ \infty & 7 & 1 & 0 & 1 & 5 \\ \infty & 11 & 5 & 4 & 0 & 9 \\ \infty & 13 & 7 & 6 & 2 & 0 \end{bmatrix},$$

$$U^{(8)} = U^{(4)} \otimes U^{(4)} = U^{(4)}.$$

演習問題 7.3（ツェルマットスキーリゾートでの最適休暇）

(a) 答えはノーである．グラフは小さく，不可能であることを示す異なる方法がいくつもある．

(b) このタイプの問題を系統的に解くための方法を議論する．まず（ゲレンデには傾斜があるという物理的な理由からも明らかなように）破線の辺（元のグラフの赤い辺）が誘導するグラフ（破線グラフ）はオイラーではない．破線グラフにおいては，それぞれの頂点の入次数の不足分を計算する．例えば，頂点 a は出る辺が1本だが入る辺はない．よって入次数の不足分は1となる．頂点 d の入次数は2で出次数は1であるから，この頂点の入次数の不足分は -1 である．

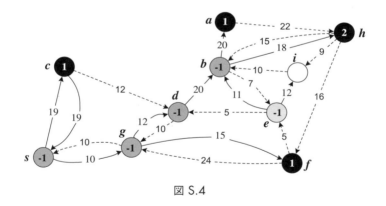

図 S.4

　まずやりたいことは，破線グラフに実線の辺や破線の辺を加えることでオイラーグラフとすることである．単純な方法は，入次数の不足分が正である頂点集合と負である頂点集合をもつ完全2部グラフを考えることである．このとき不足分の絶対値が1を超える頂点については，この絶対値分のコピーを作成する．図 S.5 のようなグラフを得る．

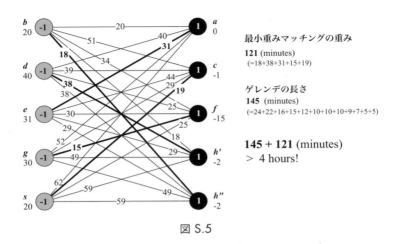

図 S.5

それぞれの辺の重みは，元々のグラフにおける始点から終点への最短路長である．例えば，b から f への最短路長は $34 = 18 + 16$ である．

次にやりたいことは，この 2 部グラフの最小重みマッチングを求めることである．最小重みマッチングの重みは 121 であり，この値は破線グラフをオイラーグラフにするために加えるべき辺の長さの総和の最小値に対応する．すなわち，JCKilly は破線の辺の総和 145 に加え 121，すなわち 266 分を要し，240 分を超える．

上記の計算法は非常に効率的である．やるべきことは，効率的な最短路アルゴリズムと割当アルゴリズムのソルバーを使うことである．

演習問題 7.5 （最大流最小カット）

(a) 2 つの条件を満たさなければならない．

● 頂点 4 における流量保存則（他の頂点での流量保存則も用いる），すなわち

$$\sum_{e \in \delta^+(4)} x_e = \sum_{e \in \delta^-(4)} x_e$$

$$\Longleftrightarrow \quad x_{(4,3)} + x_{(4,5)} + x_{(4,6)} = x_{(1,4)} + x_{(2,4)} + x_{(7,4)}$$

$$\Longleftrightarrow \quad 3 + 1 + 1 = v + 1 + w$$

$$\Longleftrightarrow \quad v + w = 4. \tag{S.5}$$

● 辺 $(1,4)$ と $(7,4)$ では容量制約が成立する，すなわち

$$0 \leq x_{(1,4)} \leq c_{(1,4)} \quad \Longleftrightarrow \quad 0 \leq v \leq 7, \tag{S.6}$$

$$0 \leq x_{(7,4)} \leq c_{(7,4)} \quad \Longleftrightarrow \quad 0 \leq w \leq 2. \tag{S.7}$$

(S.5) と (S.7) より，$0 \leq 4 - v \leq 2 \Longleftrightarrow 2 \leq v \leq 4$ を得るが，これは (S.6) より
も強い．すなわち，$0 \leq w \leq 2$ と $v + w = 4$ を満たす限り，x は 1 から 7 への実
行可能流である．このとき，x の値は $\mathrm{val}(x) = 9 - w = 5 + v$ である．

演習問題 8.1 （ナップサック問題の線形緩和）

双対問題の最適解を構成すればよい．

演習問題 8.2 （分枝限定法）

$x^I(P_1) = (1,1,0,0,1)$ と価値が 112 の暫定解がこの時点で求まり，すべての c_j が整
数であることを考慮すると UB$=112.5$ であるからこれが P_1 の最適解であることが判定
できる．P_2 の上界値も考えると 1 度の分枝で終了する．この時点で P_1 が解けたと判定
しない場合は，LB の値が変化するが図 8.3 の最終分枝限定木と同様の動きをする．

演習問題 8.3 （分枝限定法）

まず，与えられた整数計画問題の線形緩和問題を解く．すなわち，$(x_1, x_2) = (0,0)$
から単体法を開始する．

	g	x_1	x_2
	0	-1	6
y_1	7	1	-4
y_2	22	-3	-5

$\Longrightarrow$

	g	x_1	y_1
	$\frac{21}{2}$	$\frac{1}{2}$	$-\frac{3}{2}$
x_2	$\frac{7}{4}$	$\frac{1}{4}$	$-\frac{1}{4}$
y_2	$\frac{53}{4}$	$-\frac{17}{4}$	$\frac{5}{4}$

$\Longrightarrow$

	g	y_2	y_1
	$\frac{205}{17}$	$-\frac{2}{17}$	$-\frac{23}{17}$
x_2	$\frac{43}{17}$	$-\frac{1}{17}$	$-\frac{3}{17}$
x_1	$\frac{53}{17}$	$-\frac{4}{17}$	$\frac{5}{17}$

より，最適解は $(x_1, x_2) = \left(\frac{53}{17}, \frac{43}{17}\right) = \left(3\frac{2}{17}, 2\frac{9}{17}\right)$ で $c^\top x = 12\frac{1}{17}$ となる．よって，上界
値 12 を得る．x_1 も x_2 も整数ではないので，両方を分枝操作の対象とできる．

- x_1 による分枝操作：2 つの子問題を解かなければならない．これらは制約式 $x_1 \geq 4$
  と $x_1 \leq 3$ をそれぞれ最適辞書に加えたものであり，双対単体法を用いて解く．

  第 1 の（$x_1 \geq 4$ を加えた）場合は，$-x_1 + y_3 = -4$ に $x_1 = \frac{53}{17} - \frac{4}{17}y_2 + \frac{5}{17}y_1$ を
  代入することで初期辞書を得て，

	g	y_2	y_1
	$\frac{205}{17}$	$-\frac{2}{17}$	$-\frac{23}{17}$
x_2	$\frac{43}{17}$	$-\frac{1}{17}$	$-\frac{3}{17}$
x_1	$\frac{53}{17}$	$-\frac{4}{17}$	$\frac{5}{17}$
y_3	$-\frac{15}{17}$	$-\frac{4}{17}$	$\frac{5}{17}$

$\Longrightarrow$

	g	y_2	y_3
	8	$-\frac{6}{5}$	$-\frac{23}{5}$
x_2	2	$-\frac{1}{5}$	$-\frac{3}{5}$
x_1	4	0	1
y_1	3	$\frac{4}{5}$	$\frac{17}{5}$

となり，最適解 $(x_1, x_2) = (4,2)$ と最適値 $c^\top x = 8$ を得る．x は整数解なので，これ
以上分枝する必要はなく，最適値の下界値 8 を得る．

第 2 の（$x_1 \leq 3$ を加えた）場合は

$$
\begin{array}{c|ccc}
 & g & y_2 & y_1 \\\hline
 & \frac{205}{17} & -\frac{2}{17} & -\frac{23}{17} \\
x_2 & \frac{43}{17} & -\frac{1}{17} & -\frac{3}{17} \\
x_1 & \frac{53}{17} & -\frac{4}{17} & \frac{5}{17} \\
y_3 & -\frac{2}{17} & \frac{4}{17} & -\frac{5}{17}
\end{array}
\quad\Longrightarrow\quad
\begin{array}{c|ccc}
 & g & y_3 & y_1 \\\hline
 & 12 & -\frac{1}{2} & -\frac{3}{2} \\
x_2 & \frac{5}{2} & -\frac{1}{4} & -\frac{1}{4} \\
x_1 & 3 & -1 & 0 \\
y_2 & \frac{1}{2} & \frac{17}{4} & \frac{5}{4}
\end{array}
$$

となり，最適解 $(x_1, x_2) = (3, 2\frac{1}{2})$ と最適値 $c^\top x = 12$ を得る．x は整数解でなく，12 は暫定値 8 よりも大きいので分枝操作が必要であり，可能な選択肢は x_2 だけである．$x_2 \geq 3$ を加えると，$y_4 = -3 + x_2 = -\frac{1}{2} - \frac{1}{4}y_3 - \frac{1}{4}y_1$ と実行不可能辞書を得る．よってこの子問題には解はない．$x_2 \leq 2$ を加えた場合は

$$
\begin{array}{c|ccc}
 & g & y_3 & y_1 \\\hline
 & 12 & -\frac{1}{2} & -\frac{3}{2} \\
x_2 & \frac{5}{2} & -\frac{1}{4} & -\frac{1}{4} \\
x_1 & 3 & -1 & 0 \\
y_2 & \frac{1}{2} & \frac{17}{4} & \frac{5}{4} \\
y_4 & -\frac{1}{2} & \frac{1}{4} & \frac{1}{4}
\end{array}
\quad\Longrightarrow\quad
\begin{array}{c|ccc}
 & g & y_4 & y_1 \\\hline
 & 11 & -2 & -1 \\
x_2 & 2 & -1 & 0 \\
x_1 & 1 & -4 & 1 \\
y_2 & 9 & 17 & -3 \\
y_3 & 2 & 4 & -1
\end{array}
$$

より，最適解 $(x_1, x_2) = (1, 2)$ と最適値 $c^\top x = 11$ を得るので，暫定解を更新する．x は整数解なので，これ以上分枝する必要はない．この子問題が最後の解くべき子問題であったので，分枝限定法が終了し元問題の最適解を得る．

- x_2 による分枝操作：上記と同様に $x_2 \geq 3$ と $x_2 \leq 2$ をそれぞれ加えた 2 つの子問題を解かなければならない．前者を追加した場合は実行不可能辞書を得るため，この子問題を解く操作は終了する．後者の場合は，スラック変数を y_4 として双対単体法を実行すると，上記の最終辞書の y_3 の行がない辞書を得て，整数最適解 $(x_1, x_2) = (1, 2)$ と最適値 $c^\top x = 11$ を得る．すべての子問題が解けたので分枝限定法が終了する．

演習問題 9.1 （板取り問題）

この問題では，サイズ L の原料に対するパターンとサイズ L' の原料に対するパターンを区別しなければならない．E をサイズ L に対するパターン全体の集合とし，同様に E' をサイズ L' に対するパターン全体の集合とする．原料が 1 種類のときと同様に，2 つの行列 $A \in \mathbb{R}^{m \times |E|}$ と $A' \in \mathbb{R}^{m \times |E'|}$ を生成する．廃材を最小化する問題であるが，これは原料の長さの総和を最小化する問題と等価である．よって，$c^\top = (L, \ldots, L)$ と $c'^\top = (L', \ldots, L')$ を導入することで，この問題は以下のように定式化される．

$$\begin{aligned}
\text{最小化} \quad & c^\top x + c'^\top x' \\
\text{制 約} \quad & Ax + A'x' = b \\
& x \geq \mathbf{0} \\
& x' \geq \mathbf{0} \\
& x_j \in \mathbb{Z}^m \qquad (j \in E) \\
& x_k' \in \mathbb{Z}^m \qquad (k \in E').
\end{aligned}$$

この問題は, $\overline{A} = (A \ A')$, $\overline{c}^\top = (c^\top \ c'^\top)$, $\overline{x}^\top = (x^\top \ x'^\top)$ とすることで以下のように書き換えられる.

$$\begin{aligned}
\text{最小化} \quad & \overline{c}^\top \overline{x} \\
\text{制 約} \quad & \overline{A}\,\overline{x} = b \\
& \overline{x} \geq \mathbf{0} \\
& \overline{x}_j \in \mathbb{Z}^m \qquad (\forall j).
\end{aligned}$$

本文で示したように線形緩和に対して, 実行可能基底 $\overline{B}$ について, $\overline{p} = \overline{c}_{\overline{B}}^\top \, (\overline{A}._{\overline{B}})^{-1}$ とすると以下の同値関係が成り立つ.

$$\begin{aligned}
\overline{B} \text{ が最適} &\Longleftrightarrow \max_{j \in \overline{N}} \overline{p}\,\overline{A}._{.j} \leq c_j \qquad (\forall j \in \overline{N}) \\
&\Longleftrightarrow \max_{j \in N} \overline{p}\,\overline{A}._{.j} \leq L \text{ かつ } \max_{j \in N'} \overline{p}\,\overline{A}._{.k} \leq L' \\
& \quad \text{ただし } N = \overline{N} - E', \ N' = \overline{N} - E \\
&\Longleftrightarrow z \leq L \text{ かつ } z' \leq L' \text{ ただし}
\end{aligned}$$

$$z = \max \sum_{i=1}^m \overline{p}_i \alpha_i \quad \text{s.t.} \ \sum_{i=1}^m L_i \alpha_i \leq L, \ \alpha_i \geq 0, \ \alpha_i \in \mathbb{Z}$$

$$z' = \max \sum_{i=1}^m \overline{p}_i \beta_i \quad \text{s.t.} \ \sum_{i=1}^m L_i \beta_i \leq L', \ \beta_i \geq 0, \ \beta_i \in \mathbb{Z}$$

(= 2 つのナップサック問題).

同様の議論から, k 個の異なる原料がある場合には, k 個のナップサック問題を解くことで $\overline{B}$ が最適かどうか判定できる.

参考文献

[1] A. V. Aho, J. E. Hopcroft, and J. D. Ullman. *The Design and Analysis of Computer Algorithms.* Addison-Wesley, 1974. [訳書] 野崎昭弘, 野下浩平 (訳). 『アルゴリズムの設計と解析 I・II』. サイエンス社, 1997.

[2] R. K. Ahuja, T. L. Magnanti, and J. B. Orlin. *Network Flows Theory, Algorithms, and Applications.* Prentice Hall Inc., 1993.

[3] D. Applegate, R. E. Bixby, V. Chvátal, and W. J. Cook. Concorde — a code for solving traveling salesman problems. http://www.math.uwaterloo.ca/tsp/concorde/.

[4] M. Berkelaar and J. Dirks. LP_SOLVE, a mixed integer linear programming (MILP) solver. http://lpsolve.sourceforge.net/5.5/.

[5] V. Chvatal. *Linear Programming.* W. H. Freeman and Company, 1983. [訳書] 阪田省二郎, 藤野和建 (訳). 『線形計画法 上・下』. 啓学出版, 1986.

[6] S. A. Cook. An overview of computational complexity (Turing Award Lecture). *Communications of the ACM*, 26:401–408, 1983.

[7] W. J. Cook, W. H. Cunningham, W. R. Pullyblank, and A. Schrijver. *Combinatorial Optimization.* Series in Disctrete Mathematics and Optimization. John Wiley & Sons, 1998.

[8] W. J. Cook and A. Rohe. Blossom IV — a minimum weighted perfect matching solver. https://www.math.uwaterloo.ca/~bico/software.html.

[9] G. B. Dantzig. *Linear Programming and Extensions.* Princeton University Press, 1963.

[10] J. Edmonds. Path, trees, and flowers. *Canadian Journal of Mathematics*, 17:449–467, 1965.

[11] J. Edmonds and E. L. Johnson. Matching, Euler tours and the Chinese postman. *Mathematical Programming*, 5:88–124, 1973.

[12] L. Finschi. Randomized pivot algorithms in linear programming. Deploma Thesis, Swiss Federal Institute of Technology, Zurich, 1997. Awarded a Walter Saxer-Versicherungs-Hochschulpreise for the year 1997.

[13] L. Finschi, K. Fukuda, and H.-J. Lüthi. Towards a unified framework for randomized pivoting algorithms in linear programming. In P. Kall and H.-J. Lüthi, editors, *Operations Research Proceedings 1998*, pages 113–122, 1999.

[14] J. Foniok, K. Fukuda, B. Gärtner, and H.-J. Lüthi. Pivoting in linear complementarity: two polynomial-time cases. *Discrete & Computational Geometry*, 42:187–205, 2009. http://arxiv.org/abs/0807.1249.

[15] O. Friedmann, T. Hansen, and U. Zwick. Subexponential lower bounds for randomized pivoting rules for the simplex algorithm. In *STOC*, pages 283–292, 2011.

[16] K. Fukuda. *Oriented matroid programming*. Ph.D. thesis, Univ. of Waterloo, Waterloo, Canada, 1982.

[17] K. Fukuda. Walking on the arrangement, not on the feasible region. Efficiency of the Simplex Method: Quo vadis Hirsch conjecture?, IPAM, UCLA, 2011. presentation slides available as `http://www.ipam.ucla.edu/programs/workshops/efficiency-of-the-simplex-method-quo-vadis-hirsch-conjecture/?tab=overview`.

[18] K. Fukuda, H.-J. Lüthi, and M. Namiki. The existence of a short sequence of admissible pivots to an optimal basis in LP and LCP. *International Transactions in Operational Research*, 4:273–284, 1997.

[19] K. Fukuda and T. Terlaky. Criss-cross methods: A fresh view on pivot algorithms. *Mathematical Programming*, 79:369–395, 1997.

[20] K. Fukuda and T. Terlaky. On the existence of a short admissible pivot sequence for feasibility and linear optimization problems. *Pure Mathematics and Applications, Mathematics of Optimization*, 10(4):431–447, 2000.

[21] 福島雅夫. 『非線形最適化の基礎』. 朝倉書店, 2001.

[22] M. R. Garey and D. S. Johnson. *Computers and Intractability*. W. H. Freeman, 1979.

[23] J. E. Goodman and J. O'Rourke (eds.). *Handbook of Discrete and Computational Geometry*. CRC Press, 1997.

[24] M. Grötschel, L. Lovász, and A. Schrijver. *Geometric Algorithms and Combinatorial Optimization* (2nd corr. ed.) Springer-Verlag, 2012.

[25] G. Kalai. Linear programming, the simplex algorithm and simple polytopes. *Mathematical Programming*, 79(1-3, Ser. B):217–233, 1997. Lectures on mathematical programming (ismp97) (Lausanne, 1997).

[26] G. Kalai and D. Kleitman. A quasi-polynomial bound for the diameter of graphs of polyhedra. *Bulletin of the American Mathematical Society*, 26:315–316, 1992.

[27] 金森敬文, 鈴木大慈, 竹内一郎, 佐藤一誠. 『機械学習のための連続最適化』. 講談社, 2016.

[28] N. Karmarkar. A new polynomial-time algorithm for linear programming. *Combinatorica*, 4:373–395, 1984.

[29] L. G. Khachiyan. A polynomial algorithm in linear programming. *Dokklady Akademiia Nauk SSSR*, 244:1093–1096, 1979.

[30] V. Klee and G. J. Minty. How good is the simplex algorithm? In *Inequalities, III (Proc. Third Sympos., Univ. California, Los Angeles, Calif., 1969; dedicated to the memory of Theodore S. Motzkin)*, pages 159–175. Academic Press, New York, 1972.

[31] 小島政和，土谷 隆，水野眞治，矢部 博．『内点法』．朝倉書店，2001.

[32] E. L. Lawler. *Combinatorial Optimization: Networks and Matroids*. Holt, Rinehart and Winston, 1976.

[33] A. Marzetta. ZRAM homepage. `http://www.cs.unb.ca/~bremner/software/zram/`.

[34] 宮代隆平．整数計画法メモ．`http://web.tuat.ac.jp/~miya/ipmemo.html`.

[35] K. Mehlhorn and G. Schäfer. Implementation of $O(nm \log n)$ weighted matchings in general graphs: the power of data structures. *ACM J. Exp. Algorithmics*, 7:19 pp. (electronic), 2002. Fourth Workshop on Algorithm Engineering (Saarbrücken, 2000).

[36] 森 雅夫，松井知己．『オペレーションズ・リサーチ』．朝倉書店，2004.

[37] K. Murota. *Discrete Convex Analysis*. Society for Industrial and Applied Mathematics (SIAM), 2003.

[38] 室田一雄，塩浦昭義．『離散凸解析と最適化アルゴリズム』．朝倉書店，2013.

[39] 並木 誠．『線形計画法』．朝倉書店，2008.

[40] NEOS. Optimization Guide. `https://neos-guide.org/Optimization-Guide/`.

[41] C. H. Papadimitriou. *Computational Complexity*. Addison-Wesley, 1994.

[42] C. H. Papadimitriou and K. Steiglitz. *Combinatorial Optimization*. Printice-Hall, 1982.

[43] F. Santos. A counter-example to the Hirsch conjecture. *Annals of Mathematics*, 176:383–412, 2012.

[44] A. Schrijver. *Theory of Linear and Integer Programming*. John Wiley & Sons, 1986.

[45] A. Schrijver. *Combinatorial Optimization. Polyhedra and Efficiency. Vol. A, B, C*, volume 24 of *Algorithms and Combinatorics*. Springer-Verlag, 2003.

[46] M. Sharir and E. Welzl. A combinatorial bound for linear programming and related problems. In *STACS 92 (Cachan, 1992)*, volume 577 of *Lecture Notes in Comput. Sci.*, pages 569–579. Springer, 1992.

[47] SCIP (Solving Constraint Integer Programs). `https://www.scipopt.org/`.

[48] 繁野麻衣子．『ネットワーク最適化とアルゴリズム』．朝倉書店，2010.

[49] SoPlex team. SoPLEX, an optimization package for solving linear programming problems. `https://soplex.zib.de/`.

[50] 竹内外史．『P と NP—計算量の根本問題』．日本評論社，1996.

[51] 田村明久，村松正和．『最適化法』．共立出版，2002.

[52] INFORMS (M. Trick). OR/MS resource collection (Michael Trick's operations research page). `http://mathforum.org/library/view/6437.html`.

[53] R. J. Vanderbei. *Linear Programming: Foundations and Extensions*. International Series in Operations Research & Management Science, 37. Kluwer Academic Publishers, second edition, 2001.

[54] V. V. Vazirani. *Approximation Algorithms*. Springer-Verlag, 2001. ［訳書］浅野孝夫（訳）．『近似アルゴリズム』．シュプリンガー・ジャパン，2002.

[55] 渡辺 治. 『計算可能性・計算の複雑さ入門』. 近代科学社, 1992.

[56] L. A. Wolsey. *Integer Programming*. Wiley-Interscience Series in Discrete Mathematics and Optimization. John Wiley & Sons, 1998.

[57] S. J. Wright. *Primal-dual Interior-point Methods*. Society for Industrial and Applied Mathematics (SIAM), 1997.

[58] 矢部 博. 『工学基礎 最適化とその応用』. 数理工学社, 2006.

[59] 山本芳嗣. 『最適化理論』. 東京化学同人, 2019.

索　引

Memorandum

Memorandum

Memorandum

Memorandum

Memorandum

Memorandum

【著者紹介】

福田公明（ふくだ こうめい）

1982 年	カナダ ウォータールー大学大学院博士課程修了，Ph.D. (Mathematics)
現　在	スイス連邦工科大学チューリッヒ校 (ETH Zurich) 名誉教授
専　門	最適化，計算幾何学，マトロイド理論
著　書	*Mathematical Software — ICMS 2010*（編集，Springer，2010）

田村明久（たむら あきひさ）

1989 年	東京工業大学大学院理工学研究科博士課程修了，理学博士
現　在	慶應義塾大学理工学部数理科学科 教授
専　門	離散最適化，数理最適化，アルゴリズム
著　書	『離散凸解析とゲーム理論』（朝倉書店，2009）
	『最適化法』（共著，共立出版，2002）他

コンピュータが育む数学の展開
計算による最適化入門
Introduction to Optimization

2022 年 7 月 31 日　初版 1 刷発行

著　者	福田公明　　© 2022
	田村明久
発行者	南條光章
発行所	**共立出版株式会社**
	〒 112-0006
	東京都文京区小日向 4-6-19
	電話番号 03-3947-2511（代表）
	振替口座 00110-2-57035
	www.kyoritsu-pub.co.jp
印　刷	藤原印刷
製　本	

検印廃止
NDC 417

ISBN 978-4-320-11521-7

一般社団法人
自然科学書協会
会員

Printed in Japan